百媚千红 服饰篇

古风CG插画绘制技法精解

设计手绘教育中心 ◎ 编著

U0333701

人民邮电出版社
北京

图书在版编目（CIP）数据

百媚千红：古风CG插画绘制技法精解. 服饰篇 / 设
计手绘教育中心编著. -- 北京：人民邮电出版社，
2019.1
ISBN 978-7-115-50174-5

Ⅰ. ①百… Ⅱ. ①设… Ⅲ. ①三维动画软件 Ⅳ.
①TP391.414

中国版本图书馆CIP数据核字(2018)第272971号

内 容 提 要

本书以古风服饰插画为核心，从介绍什么是古风插画和古风服饰绘制基础开始，结合古风服饰布料、古
风服饰的结构以及古风服饰的类别等内容，系统全面地讲解了绘制古风服饰各个方面的知识。

本书共13章，第1章为古风插画概述，第2章介绍了古风服饰绘制基础，第3章介绍了古风服饰布料
的表现，第4章介绍了古风服饰的结构，第5章介绍了古风服饰的类别，第6章至第13章分别介绍了春秋
战国服饰的表现、秦汉服饰的表现、魏晋南北朝服饰的表现、隋唐服饰的表现、宋朝服饰的表现、元朝服饰
的表现、明朝服饰的表现和清朝服饰的表现。

本书具有很强的针对性和实用性，注重理论与实践相结合，适合从事插画行业的专业插画师及相关专业
的学生学习和使用，也可以作为插画和涂鸦爱好者的参考用书。随书附赠所有案例的绘制效果源文件和线稿
文件，方便读者随时使用。同时赠送一套绘制演示教学视频，读者可随时观看，提高学习效率。

◆ 编　　著　设计手绘教育中心
　　责任编辑　张丹阳
　　责任印制　陈　犇

◆ 人民邮电出版社出版发行　　北京市丰台区成寿寺路 11 号
　　邮编　100164　　电子邮件　315@ptpress.com.cn
　　网址　http://www.ptpress.com.cn
　　北京市雅迪彩色印刷有限公司印刷

◆ 开本：787×1092　1/16
　　印张：20.25
　　字数：582 千字　　　　　　　　　2019 年 1 月第 1 版
　　印数：1—3 000 册　　　　　　　2019 年 1 月北京第 1 次印刷

定价：98.00 元

读者服务热线：(010)81055410　印装质量热线：(010)81055316
反盗版热线：(010)81055315
广告经营许可证：京东工商广登字 20170147 号

前言

关于古风插画

古风插画是一种新兴的插画风格，主体部分刻画唯美，画面色彩清新雅致，在现代CG绘制方法中融入了古代丹青画作的绘画技法和颜色搭配等方法。古风插画的风格是具有中国特色的插画风格，具有水墨氛围的画面效果是这种风格插画的突出特征。

本书的编写目的

本书的编写目的是为了让广大读者了解古风服饰插画的表现技法和绘制步骤，能够清楚地知道如何把设计思维转化为表现手段，如何灵活地、系统地、形象地运用Photoshop软件进行CG古风服饰插画的表现。

读者定位

（1）专业美术工作者。

（2）插画、涂鸦等绘画的爱好者。

（3）专业插画师及相关专业的学生。

本书优势

（1）全面的知识讲解

本书内容全面，案例丰富多彩，知识涵盖面广，对CG画笔的制作、笔刷的应用、图层管理等知识都有讲解。并且案例表现从古风服饰绘制基础到古风服饰布料的表现，再到古风服饰的结构、类别的表现，同时还讲解了春秋战国服饰、秦汉服饰、魏晋南北朝服饰、隋唐服饰、宋朝服饰等不同朝代服饰的表现。

（2）丰富的案例教学

打破常规同类书籍的内容形式，本书更加注重实例的练习，不仅包括古风服饰布料的表现，中衣、外衣、内衣、鞋履、帽子等结构的表现，而且包括古风服饰的常见类型、服饰特征以及常见纹样的表现。还包括男服、女服等常见古风服饰上身效果的表现，采用由简入繁、先局部后整体的教学方式来讲解古风服饰的表现。

（3）多样的表现技法

本书中的古风服饰插画表现技法全面，既有用线条表现古风服饰的黑白线稿的实例讲解，也有配合线条上色表现古风服饰上身效果的实例。

（4）海量的附赠资源

本书附赠学习资源，扫描"资源下载"二维码即可获得下载方法。资源包括书中所有案例的素材文件和最终效果文件，还提供了案例中用到的画笔文件和所有案例的线稿文件，方便读者练习上色。同时，扫描"在线视频"二维码还可以在线观看古风CG插画绘制演示教学视频。

资源下载　　　在线视频

本书作者

本书由设计手绘教育中心编著，具体参加编写和资料整理的有陈志民、姚义琴等。由于作者水平有限，书中错误、疏漏之处在所难免。在感谢您选择本书的同时，也希望您能把对本书的意见和建议告诉我们。

作者邮箱：lushanbook@qq.com

读者QQ群：327209040

设计手绘教育中心

2018年10月

目录

古风插画概述 01

◎ **本章主要内容**

本章主要介绍了什么是古风插画，古风插画的特征，古风插画绘制工具，CG 笔刷的应用以及图层的管理等基础知识。

1.1 什么是古风插画

　　插画不仅是意识思维转化成视觉元素的产物，而且是一种艺术形式。作为现代设计重要的视觉传达形式，插画以直观的形象、真实的美感和强烈的感染力占据了非常重要的地位，并且已经广泛运用于设计的各个领域。

　　插画根据风格的不同可以分为日式插画、儿童插画、游戏插画、动画场景插画等。古风插画是古代作画技法与现代绘图软件相结合的产物，这种绘画方式已经逐渐流行起来，并且这种风格的插画给人以不同于其他插画风格的感受，形成了其独有的画风特征。古风插画的表现手法较多，但是更注重的还是画面意境的表达，常见的有以人物为主体、以风景为主体、以物体为主体等表达方式。在绘制古风花卉时，需要多考虑古风花卉的表现手法和整体画面的色彩搭配，这要求古风插画师不仅要掌握基本的绘画技法，而且自身要具备超强的审美能力和整体画面的把控能力，这样才能创作出既有中国古典韵味又能符合当今市场需求的插画作品。

　　古风插画有多种表现形式，如在纸上用国画颜料或者水彩颜料绘制、用专业绘图软件绘制、水彩颜料与专业绘图软件搭配绘制等。但是，无论用哪种表现形式，最后所表现出来的画面效果总是相似的，那就是都具有中国传统画面的意境和氛围，题材都与古代人物相近。除此之外，画面的色彩也比较清新、明快，插画师在绘制过程中可以直接选取传统颜色进行色彩搭配，这样绘制出的效果非常具有中国特色。

　　古风插画指的是以中国古代为背景绘制出的以古代俊男、美女为主体的插画，其风格独特唯美，精致华丽，深受众多绘画爱好者的喜爱。

　　接下来将对古风插画作品范例进行展示。

● 古风插画 1

● 古风插画 2

1.2 古风插画的特点

　　古风插画的特点是以古代俊男、美女为绘制主体，主要分为言情古风、水墨古风、青春唯美古风、写实古风插画等几类。下面展示几张古风插画作品供大家赏析。

● 古风插画 1　　　　　　　　　　　　● 古风插画 2

• 古风插画 3

• 古风插画 4

I.3 古风插画的绘制工具

　　了解什么是古风插画及其特点以后，接下来将针对绘制古风插画时用到的绘制工具进行讲解。

I.3.I 数位板和绘图软件

　　数位板又称为绘图板、绘画板、手绘板等，是 Photoshop 绘制 CG 插画的基本工具。数位板通常由一块绘图板、一根数据线和一支压感笔组成，主要针对的使用群体是专业插画师。

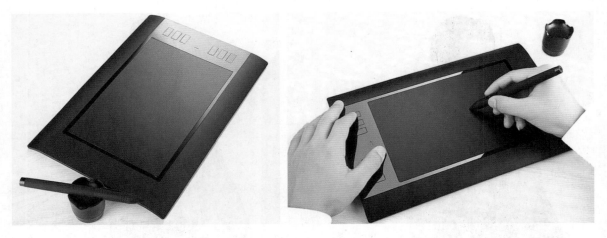

在使用数位板绘画时,手部力度的大小直接影响线条的粗细及色彩的深浅。接下来将对不同力度绘制出的线条效果进行举例。

● 力度很轻

● 力度较轻

● 力度较重

● 力度很重

● 数位板基本笔触效果

数位板的主要参数有压力感应、坐标精度、读取速率和分辨率等,其中压力感应级数是关键参数。一般入门级别的压力感应数值是 1024,比较普及的压感数值是 2048。压感值越高,所绘制的线条越精确。

Tips

如果数位板长时间不用,需要用布遮盖其表面,电源插头也应该拔出,在使用的过程中应该避免大力摔碰。

Photoshop 工作界面如下页图所示,它是专业的绘图软件,相对 SAI 而言,Photoshop 有很多更加人性化和方便快捷的功能,例如,可以任意裁剪画布,可以绘制渐变等。除此之外,Photoshop 还拥有更加强大的调色功能,例如,调节色彩平衡、曲线、色相/饱和度等,对于绘画时画面后期的调整有很大的帮助。

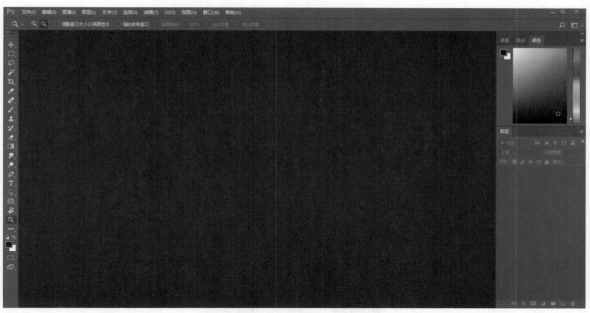

● Photoshop 软件工作界面

下面展示用 Photoshop 绘制的古风插画作品范例。

● Photoshop 绘制古风插画范例 1   ● Photoshop 绘制古风插画范例 2

1.3.2 软件常用功能

Photoshop 软件的工具命令很多，接下来将针对常用的"画笔"工具、"橡皮擦"工具、"拾色器"工具、"选框"工具、"套索"工具、"魔棒"工具、"移动"工具、"缩放"工具、"吸管"工具、"裁剪"工具、"渐变"工具等命令进行介绍。

1 "画笔"工具（）

画笔是绘画时必须用到的工具。使用该工具进行绘画时，按"F5"快捷键，弹出"画笔预设"的窗口，可以根据自己的喜好、需求等选择不同的笔刷进行绘制，使用不同的笔刷会有不同的感受和效果。

● 画笔预设

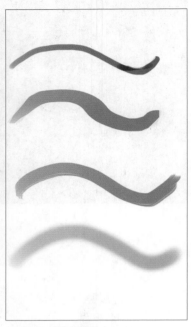

● 不同笔刷的绘制效果

2 "橡皮擦"工具（　）

绘画时使用"橡皮擦"工具可以擦除不想要的或者画错的部分。与画笔工具一样，按"F5"快捷键，弹出"画笔预设"的窗口，根据自己的喜好、需求等选择不同的笔刷进行擦除。

● 画笔预设

● 擦除前效果

● 擦除后效果

3 "拾色器"工具（■）

单击"拾色器"工具，会弹出"拾色器"的窗口，上色时可以根据画面需要灵活选取各种颜色进行搭配。此外，按"F6"快捷键，弹出"颜色"的面板，该面板包括色相立方体、RGB 滑块、HSB 滑块等，方便我们选择和使用各种颜色。

- 拾色器

- 色相立方体

- RGB 滑块

- HSB 滑块

4 "选框"工具（■）

使用"选框"工具选择选区后，可以按"Ctrl+T"快捷键执行"自由变换"命令，对框选内容进行局部调整或修改，例如，自由变换、放大缩小、透视、旋转等。

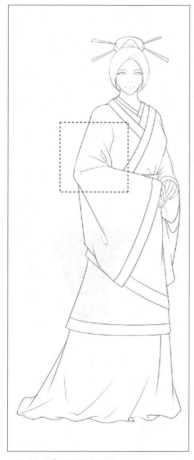

- 用"选框"工具选择选区

- 选择选区后自由变换效果

- 放大效果

● 缩小效果

● 透视效果

● 旋转效果

5 "套索"工具（◯）

"套索"工具可以用来选取绘制的范围，是非常好用的调整图像工具。其功能与"选框"工具类似，但是灵活性更强，运用更广泛，对于不规则选区的选择十分便利。

● 用"套索"工具选择选区

● 套索后填色效果

6 "魔棒"工具（🪄）

　　"魔棒"工具常用来选择面积较大或者闭合线条区域范围，一般在绘制底色时使用较多。

● 用"魔棒"工具选择选区

● 选择色彩确定上色

7 "移动"工具（✛）

　　可以使用此工具对画面中的图像进行移动，使其与画布呈分离状态。

● 移动前效果

● 移动后效果

8 "缩放"工具（🔍）

　　使用此工具可以对画面进行放大或缩小。

● 缩放前效果

● 放大后效果

● 缩小后效果

9 "吸管"工具（✏️）

"吸管"工具顾名思义是指用来吸取色彩的工具，可以根据需要在色环上吸取任意颜色，在前后景色中呈现。

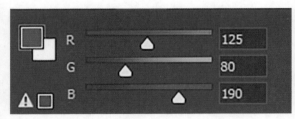

• R125 G80 B190

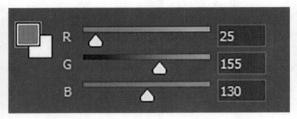

• R25 G155 B130

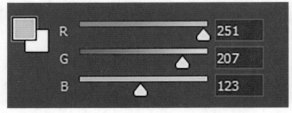

• R251 G207 B123

• R140 G0 B50

10 "裁剪"工具（🔲）

在绘制过程中如果觉得画布大小不合适，可通过使用该工具来对画布进行裁剪以达到我们想要的尺寸。

• 裁剪前效果

• 对画布进行裁剪

• 裁剪后效果

Ⅱ "渐变"工具（▤）

使用"渐变"工具可使不同颜色之间过渡柔和，比使用柔边画笔画过渡更加自然。下面将针对单色色块各方向渐变效果进行举例。

1.4 CG画笔的制作

学习了数位板、Photoshop软件介绍及常用工具功能之后，接下来针对常用CG画笔的制作进行讲解，可以通过"画笔模式""画笔形状动态"和"纹理"等不同的设置及搭配来制作出具有丰富多变的特殊效果的画笔。

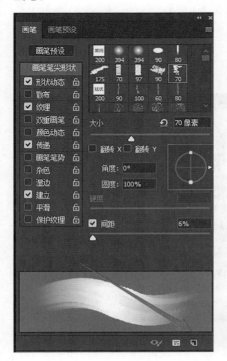

按"F5"快捷键，弹出"画笔预设"的窗口，再通过选择"形状动态""传递""纹理"等，或者调节画笔的模式、不透明度、流量等，调到自己想要的效果后，接着单击画笔预设右下角的"新建画笔预设"，输入画笔名字后，单击确定，就完成了对画笔的制作，这时在画笔预设里面能找到刚制作的画笔。

1.4.1 "勾线"画笔的制作

Step 01 打开 Photoshop 软件，选择画笔工具，在"画笔预设"选取器中选择软件中自带的"硬边圆压力不透明度"画笔。

Step 02 按"F5"快捷键，打开"画笔"设置面板（或执行"窗口"/"画笔"命令，调出画笔设置面板），勾选"形状动态"选项，将数值设置为下图中模式。

Step 03 新建一个空白画布，简单试画线条，预览并确定画笔效果。下图所示的这种画笔绘制出来的线条不仅笔锋感明显，而且线条不会过于粗糙，广泛运用于古风花卉线稿的绘制。

● "勾线"画笔效果

1.4.2 "兰叶水墨"画笔的制作

Step 01 打开 Photoshop 软件，在"画笔预设"选取器中选择软件中自带的"柔边圆"画笔。

Step 02 按"F5"快捷键，打开"画笔"设置面板（或执行"窗口"/"画笔"命令），调出画笔设置面板。

Step 03 勾选"双重画笔"选项，并选择双重画笔中的"滴溅"画笔。

Step 04 将"形状动态"设置为图中模式，完成"兰叶水墨"画笔设置。

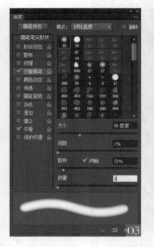

Step 05 在上一步的基础上，将"形状动态"设置为图中模式，就可以制作出"钉头鼠尾"画笔效果。

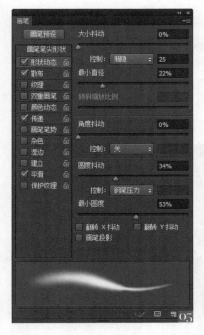

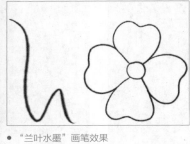

● "兰叶水墨"画笔效果

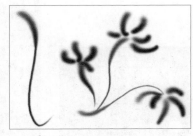

● "钉头鼠尾"画笔效果

I.4.3 "常用水墨"画笔的制作

Step 01 打开 Photoshop 软件，在"画笔预设"选取器中选择软件中自带的"喷溅 27 像素"画笔。

Step 02 按"F5"快捷键，打开"画笔"设置面板（或执行"窗口"/"画笔"命令，调出画笔设置面板）。勾选"形状动态"和"双重画笔"选项，并按照下图设置属性。

Step 03 完成"常用水墨"画笔设置之后，可以在空白画布中试用基础线条及具体实例的绘制效果。下图所示的这种画笔适合用来勾线，使用范围非常广泛。

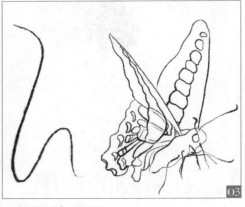

● "常用水墨"画笔效果

1.4.4 "晕染水墨"画笔的制作

Step 01 打开 Photoshop 软件，在"画笔预设"选取器中选择软件中自带的"圆水彩"画笔。

Step 02 按"F5"快捷键，打开"画笔"设置面板（或执行"窗口"/"画笔"命令，调出画笔设置面板）。勾选"形状动态""散布""纹理""双重画笔""颜色动态""传递""杂色"以及"平滑"选项。

Step 03 勾选"纹理"选项，选择"灰色花岗岩花纹纸"图案，并且将数值设置为图中模式。

Step 04 勾选"形状动态"选项，将数值设置为图中模式，完成"晕染水墨"画笔制作。可以在空白画布中试下基础画笔及具体实例的绘制效果。如下图所示，这种画笔非常适合古风插画的上色。

● "晕染水墨"画笔效果

1.5 笔刷的应用

学习了 CG 画笔的制作后，接下来针对绘制古风插画时"硬边圆压力不透明度"画笔工具和"晕染水墨"画笔工具的应用进行讲解。

1 "硬边圆压力不透明度"画笔工具（●）的应用

该画笔边缘清晰，比较好控制，绘制古风插画时，一般使用该画笔绘制草稿、线稿、底色等。使用时将画笔的参数设置成如图所示。

2 "晕染水墨"画笔工具（✎）的应用

该画笔边缘柔和，过渡自然，绘制古风插画时，一般使用该画笔绘制明暗关系。使用时将画笔的参数设置成如图所示。

1.6 图层的管理

学习了笔刷的应用后，下面讲解图层的管理，包括图层的基本概念、图层的基本管理方式、图层混合模式、图层样式以及组的应用等。

1.6.1 图层的基本概念

图层可以将画面上的文字、图片、表格等元素精确定位，每个图层按顺序依次叠加，组合起来形成画面的最终效果，上面的图层会覆盖下面图层重合的部分，绘画时可以通过分图层将画面分成几个部分，这样无论是对画面的修改，还是后期对画面的调整，都会十分方便快捷。

1.6.2 图层的基本管理方式

　　通过分图层，可以使绘制的过程变得方便快捷，但图层越多，找图层时会越麻烦，因此我们需要对图层进行有效的管理。图层的基本管理方式有两种，一种是通过重命名图层的方式，让我们更加快速地辨识出图层的内容或功能，如在绘制古风插画时，可以将人物整体分成头发、皮肤、服饰等部分，每一部分单独分为一个图层，每一个图层根据该图层的内容对其重命名，当我们绘制明暗关系时，可以在相应部分的图层上新建"明暗关系"图层，按住"Alt"快捷键，为图层创建剪贴蒙版，这样也便于辨识。另一种图层的管理方式是通过新建图层组的方式，将一个部分的所有图层（包括底色、明暗关系等）都放进同一个图层组，不同的部分放进不同的图层组，可以通过隐藏图层组快速定位。

● 重命名图层管理图层

● 新建图层组管理图层

1.6.3 图层混合模式

　　Photoshop 提供了很多种图层混合模式，有叠加、正片叠底、颜色、变亮、变暗等、颜色减淡、线性减淡和滤色有让颜色变亮的效果。变亮模式能把比该颜色暗的颜色变亮；变暗模式则是把比该颜色亮的颜色变暗；正片叠底也能让颜色变暗。此外，叠加、柔光、颜色等能使饱和度变高，一般在叠色时使用。不同的模式有着不同的效果，可以根据实际需求使用相应的图层模式。

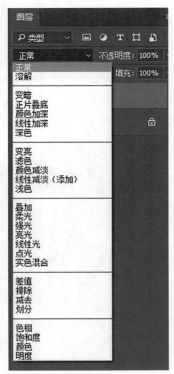

● 图层混合模式

● 正常

● 正片叠底

百媚千红 古风CG插画绘制技法精解（服饰篇）

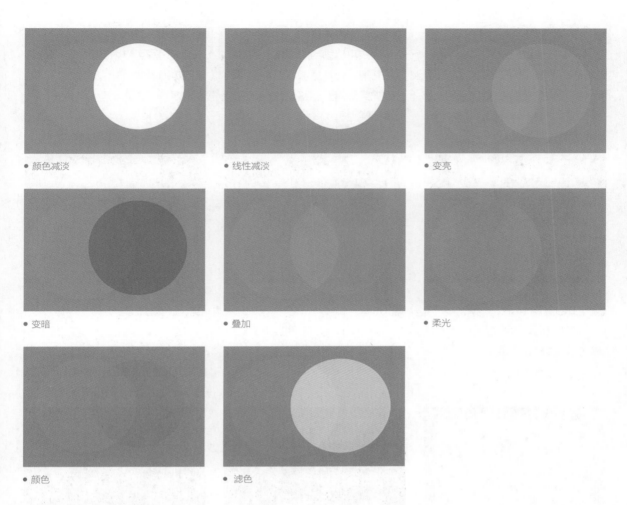

● 颜色减淡

● 线性减淡

● 变亮

● 变暗

● 叠加

● 柔光

● 颜色

● 滤色

I.6.4 图层样式

图层样式是 Photoshop 的一项图层处理功能，选中图层，单击图层卡组左下角的"添加图层样式"按钮，即可弹出"图层样式"窗口。接下来将对图层各个样式的功能和效果进行讲解。

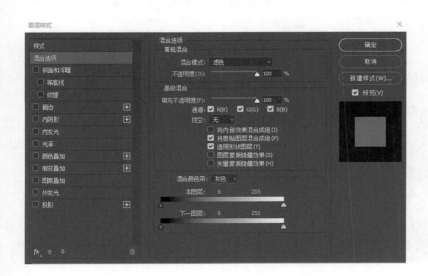

1 斜面和浮雕

　　斜面和浮雕类型包括内斜面、外斜面、浮雕、枕形浮雕、描边浮雕，不同的样式效果大不相同，使用时可根据需要调整阴影、角度、光泽等高线等参数。

2 描边

　　描边可以为当前图层上的对象添加轮廓，使其更加清晰，使用时可根据实际需要调整颜色，渐变或图案的类型。

3 内阴影

　　内阴影可以为当前图层上的对象内边缘添加阴影。

1 内发光

　　内发光可以为当前图层上的对象向内添加发光效果。

5 光泽

　　光泽可以为当前图层上的对象添加光滑的磨光及金属效果。

6 颜色叠加

　　颜色叠加可以为当前图层上的对象叠加一种颜色，可通过选择不同的混合模式达到不同的效果，也可通过单击"拾色器"按钮选择任意颜色。

7 渐变叠加

　　渐变叠加可以为当前图层上的对象叠加一种渐变颜色，可通过选择不同的混合模式达到不同的效果，也可通过单击"渐变编辑器"按钮选择任意的渐变颜色。

8 图案叠加

　　图案叠加可以为当前图层上的对象叠加图案，可通过选择不同的混合模式达到不同的效果，也可通过单击"图案拾色器"按钮选择其他的图案。

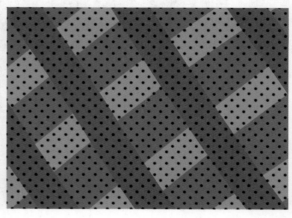

⑨ 外发光

外发光可以为当前图层上的对象向外添加发光效果。

⑩ 投影

投影可以为当前图层上的对象后面添加阴影效果。

1.6.5 组的应用

    图层组对于管理图层有着很大的作用，其折叠后只占用一个图层的空间，特别是在图层多的时候能节省很大的空间。我们可以通过新建图层组将画面中某个部分的所有图层都放进同一个图层组里，这样不仅方便修改、调整，同时也让作画变得井然有序。通过对图层组的命名，我们也能更加快速地辨识出图层组包含的内容。

    例如，在绘制古风插画时，可以通过新建图层组的方式将人物分为头发、皮肤、服饰等几个部分，这样后期对画面的调整、修改都会非常方便。

● 图层组的应用

    对于图层组而言，当我们单击"图层"调板底部的"删除"图标时，将会弹出如下窗口。

    例如，当我们想把一个组中的所有图层删除时，可以通过单击"组和内容"按钮进行删除，同样也可以把多个想删除的图层通过新建图层组放进一个组中，再单击"组和内容"按钮进行删除，既方便又不必一个图层一个图层地删除；当我们只想释放一个组中的所有图层时，可以通过单击"仅组"按钮删除该图层组，保留里面所有的图层。

    复制一个包括里面所有图层的图层组时，可通过单击鼠标右键，选择"复制组"命令复制。

混合选项...
复制 CSS
复制 SVG
复制组...
删除组
取消图层编组
快速导出为 PNG
导出为...
来自图层组的画板...
来自图层的画板...
转换为智能对象

◎ **本章主要内容**

本章主要介绍服饰与身体的结合，古风服饰的表现特点，古风画面的基本效果，古风服饰的起稿方法，服饰细节的处理技巧以及古风服饰配色知识等。

2.1 服饰与身体的结合

服饰是以人体为基础进行造型设计的，受到人体结构的限制，而中国古代服饰是以自然为美的文化追求，因此通过服饰有意地将人体优美的曲线表现出来，充分体现人体美，展示服饰与人体相结合的魅力，才能将服饰的色彩、质地、形式等全方位地表现出来。

下面针对古风人物的人体结构并结合人体结构绘制服饰的范例进行展示。

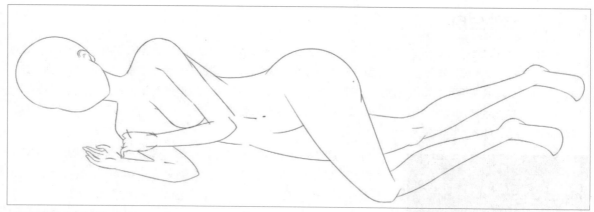

● 绘制服饰前的人体结构

● 根据人体结构绘制服饰

2.2 古风服饰的表现特点

　　随着民族之间的相互融合，中国古代服饰的样式和穿着习俗不断变化，不同朝代的服饰有着明显的差别，但是古风服饰都是以自然为美的文化追求，体现的是人体的外在美和人的智慧、信仰等精神之美。其中，古代女子服饰的造型表现高雅、端庄的神韵，男子则以宽适、贯通的服装样式表现心胸宽广，凛然正气。服饰趋向自然，展现自然的人格精神。

●古风男子服饰表现　　　　　　　　　　　　　　　●古风女子服饰表现

2.3 古风画面的基本效果

　　学习了古风服饰的表现特点，接下来针对古风画面的基本效果进行讲解，包括线条、块面、排线、古风服饰绘制配色等。

2.3.1　线条

　　线条是基本的造型手段，也是绘制线稿的基础表现手法，用不同的线条可以表达不同的情感。古风插画的线条运用细腻多变，一般具有国画、白描线条的特点，偶尔也会使用毛笔等质感效果。

　　下面针对古风服饰插画中常用的直线、抖线、曲线的表现进行讲解。

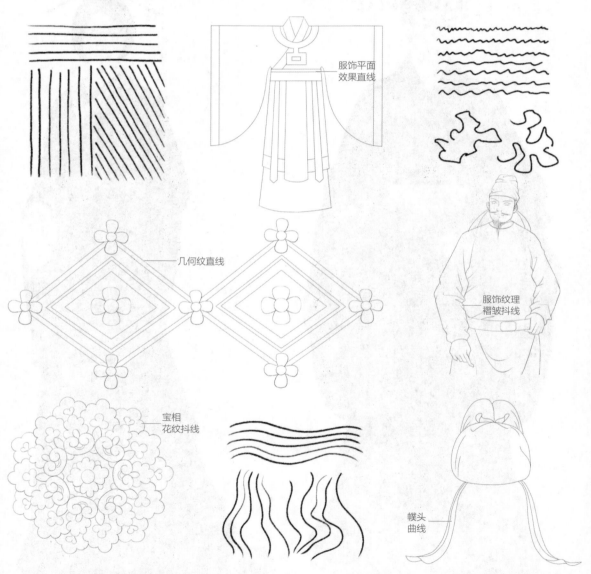

服饰平面
效果直线

几何纹直线

服饰纹理
褶皱抖线

宝相
花纹抖线

幞头
曲线

　　线条是构成画面的基本要素，也是古风服饰插画画面中必须具备的元素，古风中的线条抑扬顿挫，飘逸流畅，酣畅洒脱。介绍了常见的线条表现之后，接下来针对古风服饰插画的线稿表现进行举例。

2.3.2 块面

　　古风服饰画面通过块面切割将整体画面分成亮与暗两大区域来体现体积感，块面的关系既能反映出人体结构的内在规律，同时又能表现出人物的立体感。绘制时先通过块面切割把握好总体的明暗关系，由整体到局部，再由大的块面关系分出小的块面关系，让画面的素描关系更加准确精致，如下图所示。

● 块面分割前　　　　　● 块面分割后　　　　　● 块面分割前　　　　　● 块面分割后

2·3·3 排线

绘制过程中可以通过排线的方式做出画面的素描关系及空间关系，如下图所示。

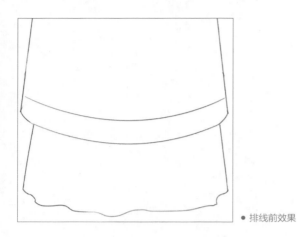

● 排线前效果

● 排线后效果

2·3·4 古风服饰配色

古风服饰的配色风格有的高贵华丽，有的朴素淡雅，有的唯美精致。从色系上看，既有暖色系的搭配，也有冷色系的搭配。

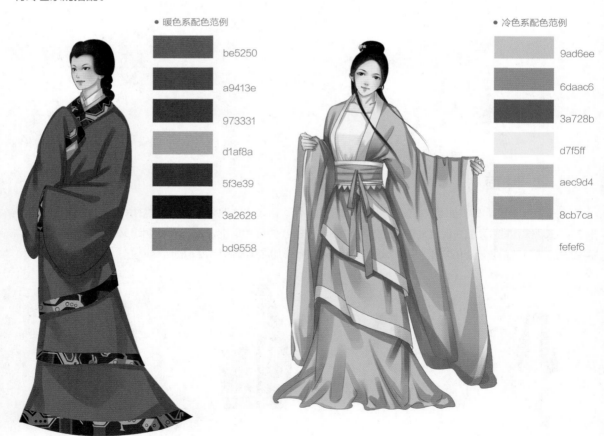

● 暖色系配色范例

be5250
a9413e
973331
d1af8a
5f3e39
3a2628
bd9558

● 冷色系配色范例

9ad6ee
6daac6
3a728b
d7f5ff
aec9d4
8cb7ca
fefef6

2.4 古风服饰起稿方法

　　在绘制过程中按照特定的步骤绘制会提高作画效率。绘制古风服饰时，一般的起稿方法是按照草稿→线稿的顺序，先在脑中构思，思考自己想画什么样的服饰或是哪个朝代的服饰，再去找参考，找到相应的参考后，打开 Photoshop 软件，执行"文件"→"新建"命令，弹出"新建"对话框。新建"草稿"图层，把自己构思好的画面以草稿的形式表现出来，确定好服饰大概的造型和大致的花纹后，再新建"线稿"图层，准确勾勒出服饰的造型和花纹。

● 用草稿方法起稿

● 用线稿方法起稿

2.5 服饰细节的处理技巧

学习了绘制古风服饰的起稿方法后，接下来针对服饰细节的处理技巧进行讲解。绘制古风服饰的细节时，一般是采用线稿的方式表现。在起稿时打好草稿确定大概的造型后，用线稿准确地画出服饰的造型以及腰带、褶皱等细节。此外，绘制花纹的细节时，一般在铺底色的阶段直接用颜色绘制细节，比起用线稿绘制花纹要更方便快捷。

● 用线条细化衣领

● 用线条细化纹理褶皱

● 用线条细化服饰结构

● 用颜色细化人物头面

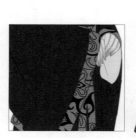

● 用颜色细化服装纹饰

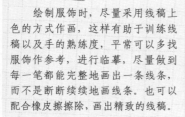

Tips

绘制服饰时，尽量采用线稿上色的方式作画，这样有助于训练线稿以及手的熟练度，平常可以多找服饰作参考，进行临摹，尽量做到每一笔都能完整地画出一条线条，而不是断断续续地画线条。也可以配合橡皮擦擦除，画出精致的线稿。

2.6 古风服饰配色知识

学习了古风服饰的线稿训练后，接下来将针对古风服饰的配色知识进行讲解，包括古风服饰的常用配色、单色的晕染、叠加色的晕染、阴影的晕染和分层着色。

2.6.1 古风服饰常用配色

在为古风服饰铺底色时，需要考虑色彩搭配，好的颜色搭配能带来好的视觉感受。通常，古风服饰在色彩搭配上分为以橙红色为主的暖色系和以青蓝色为主的冷色系。在为古风服饰配色时，应事先考虑到画面的主色调，是暖色调还是冷色调，这种主色调在画面中应该占 70% 左右。接下来是选择辅助色，辅助色可以与主色调形成冷暖对比，这样画面的对比会比较强，也可以是主色调的邻近色，这样画面会比较协调，辅色调在画面中占 25% 左右。最后是选择一种点缀色，可以是主色调的互补色也可以是邻近色，一般点缀色在画面中占的比例很少，只有 5%，所以点缀色的饱和度一般比较高，比较鲜艳。

奶棕	185 159 149	奶棕 唐朝印花娟用色
纸棕	185 167 144	纸棕 唐朝印花娟用色
纱罗	237 198 175	纱罗 东汉纱罗色
蝶粉	232 182 145	蝶粉 唐朝纹锦色
兽皮	175 148 108	兽皮 宋朝锦色
银箔	160 158 144	银箔 古寺庙神像用色
库金	171 150 78	库金 古寺庙神像用色
沙青	72 96 121	沙青 汉唐壁画用色
百草霜	58 57 58	百草霜 敦煌隋魏壁画及建筑用此色勾线
银白	235 227 212	银白 敦煌唐朝壁画人物肌肤用色
雪灰	208 214 222	雪灰 传统色
灯草	62 63 63	灯草 古画色，画须眉，蝴蝶之主色
毛月	99 141 174	毛月 传统色，翡翠宝石色

● 古风常用的色彩

● 暖色系色彩搭配范例 1

● 暖色系色彩搭配范例 2

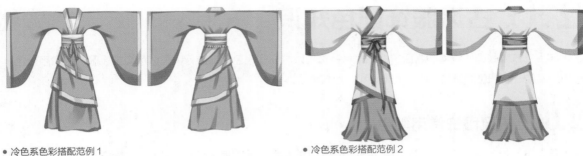

● 冷色系色彩搭配范例 1　　　　　　　　　　　　● 冷色系色彩搭配范例 2

2.6.2　单色的晕染

　　单色晕染指的是用单色绘画，即用一种颜色来表现画面，这样画面的效果会比较朴素、淡雅。此外，素描可以说就是用单色的线条或调子来表现画面，用单色绘画本质上也是在画素描，因此，塑造好对象的立体感，层次关系是非常重要的，如下图所示。

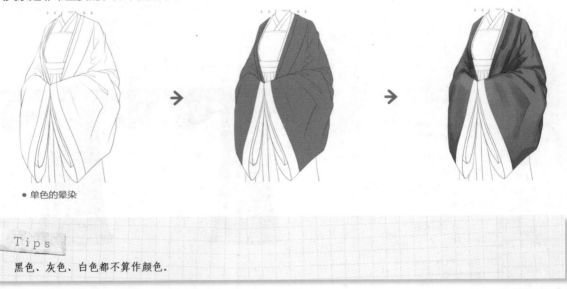

● 单色的晕染

2.6.3　叠加色的晕染

　　叠加色的晕染指的是用 Photoshop 的图层混合模式（叠加，正片叠底等）为画面上颜色的方法。首先，我们可以先用灰调子确定好画面的素描关系，塑造出大致的立体感之后，新建图层，将图层混合模式改为叠加、柔光、正片叠底等。当画面的调子比较明快时，可以选择正片叠底的图层混合模式；当画面的调子过于暗时，可以选择叠加、柔光等图层混合模式。这种上色方法有助于把控好画面的素描关系和层次关系，如下图所示。

● 叠加色的晕染

2.6.4 阴影的晕染

无论是直接上色法还是叠加上色法，最终都必须把画面的素描关系表达好。素描是表现出对象的结构，体积感的关键。一般来说，为画面铺好底色后，根据光源的方向切割出画面的亮部与暗部，因此，画好阴影尤其重要，只有画好了阴影，才能准确分出受光面与背光面，才能准确表现出对象的体积感。如右图所示。

● 阴影的晕染范例1   ● 阴影的晕染范例2

2.6.5 分层着色

分层着色指的是根据画面的内容，将画面分成几个部分放进不同的图层，这种方法会使绘制过程变得井然有序，方便调整、修改画面。绘制古风服饰时，通常采用这种方法进行着色，在"线稿"图层画好线稿后，接下来新建"上色"图层，将人物分为皮肤、头发、服饰等各个部分，每个部分单独分图层铺好底色，最后在相应部分的图层上新建"明暗关系"图层，创建剪贴蒙版，在相应的图层上绘制出各个部分的明暗关系变化，完成绘制。

● 线稿图层   ● 分图层铺底色

● 分图层绘制明暗关系

03 古风服饰布料的表现

◎ 本章主要内容

本章主要介绍古风服饰布料的表现。包括常见布料类型，布料图案动物篇和布料图案植物篇等。

3.1 常见布料类型

中国古代的服饰布料类型多种多样，有以纱作为布料原材料的，如实地纱、直径纱、芝麻纱等，也有其他丝织物的布料类型，如缎、绸、缂丝等。下面将针对花绫、麻、棉、生绢、纱、蜀锦的表现进行讲解。

3.1.1 花绫的表现

| 花绫的绘制技巧 |

首先新建"底色"图层，选择"硬边圆压力不透明度"画笔工具，绘制出花绫的图形和底色。接着新建"明暗变化"图层组，分图层绘制出花绫的明暗变化，完成绘制。

3.1.2 麻的表现

| 麻的绘制技巧 |

首先新建一个"底色"图层，选择合适颜色，选用"油漆桶"画笔工具进行填色。新建 "底色"图层，选择"马克笔"画笔工具进行明暗色调的铺色，接着新建"细节刻画"图层，选择"笔"画笔工具，进行细节刻画，完成绘制。

3.1.3 棉的表现

| 棉的绘制技巧 |

首先新建"草稿"图层，选择"铅笔30"画笔工具勾勒出棉布的大致轮廓。接着新建"底色"图层，选择"油

漆桶"画笔工具,进行填色。选择"喷枪"画笔工具进行明暗色调的铺色并隐藏草稿,接着选择"模糊"画笔工具,进行细节刻画,完成绘制。

3.1.4 生绢的表现

| 生绢的绘制技巧 |

　　首先新建"草稿"图层,选择"铅笔30"画笔工具勾勒出生绢的大致轮廓。接着新建"底色"图层,选择"油漆桶"画笔工具,进行填色。选择"喷枪"画笔工具进行明暗色调的铺色并隐藏草稿,接着选择"模糊"画笔工具,进行细节刻画,完成绘制。

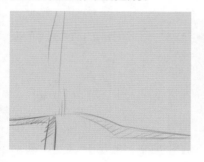 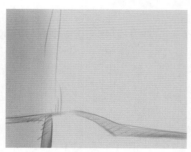 

3.1.5 纱的表现

| 纱的绘制技巧 |

　　首先新建"草稿"图层,选择"铅笔30"画笔工具勾勒出纱的大致轮廓。接着新建"底色"图层,选择"油漆桶"画笔工具,进行填色。选择"喷枪"画笔工具进行明暗色调的铺色并隐藏草稿,接着选择"模糊"画笔工具,进行细节刻画,完成绘制。

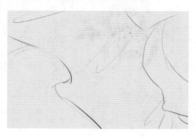  

3.1.6　蜀锦的表现

| 蜀锦的绘制技巧 |

　　首先新建"草稿"图层，选择"铅笔 30"画笔工具勾勒出菊花的大致轮廓。接着新建"细化"图层，选择"笔"画笔工具，从局部入手，在草稿的基础上依次绘制出菊花具体的造型，并隐藏草稿，接着新建"明暗"图层，选择"水彩笔"画笔工具进行明暗刻画，完成绘制。

3.2　布料图案动物篇

　　中国古代的服饰布料图案丰富多样，包括多种动物和植物图案。下面将针对古代服饰布料的动物图案的表现进行讲解。

3.2.1　团鹤绣

| 团鹤绣的绘制技巧 |

　　首先新建"线稿"图层，选择"硬边圆压力不透明度"画笔工具，绘制出团鹤绣的线稿。然后新建"底色"图层，绘制出团鹤部分的图形。接着新建"局部细节"图层组，根据团鹤绣的特征分图层绘制出剩余部分花纹的具体造型，完成绘制。

3.2.2　凤纹

| 凤纹的绘制技巧 |

　　首先新建"底色"图层，选择"硬边圆压力不透明度"画笔工具，绘制出凤纹主体部分的图形。接着新建"局部细节"图层组，根据凤纹的特征分图层绘制出剩余部分花纹的具体造型，完成绘制。

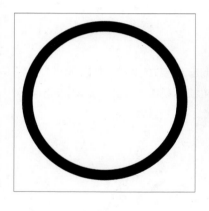  

3·2·3 团龙戏珠纹

| 团龙戏珠纹的绘制技巧 |

首先新建"底色"图层，选择"硬边圆压力不透明度"画笔工具，绘制出团龙戏珠纹主体部分的图形。接着新建"局部细节"图层组，根据团龙戏珠纹的特征分图层绘制出剩余部分花纹的具体造型，完成绘制。

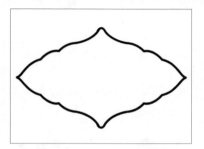  

3·2·4 翼马纹

| 翼马纹的绘制技巧 |

首先新建"线稿"图层，选择"硬边圆压力不透明度"画笔工具，绘制出翼马纹的线稿。然后新建"底色"图层，绘制出翼马纹主体部分的图形。接着新建"局部细节"图层组，根据翼马纹的特征分图层绘制出剩余部分花纹的具体造型，完成绘制。

3.2.5 云鹤纹

　　首先新建"线稿"图层，选择"硬边圆压力不透明度"画笔工具，绘制出云鹤纹的线稿。然后新建"底色"图层，绘制出云鹤纹头部和翅膀的图形。接着新建"局部细节"图层组，根据云鹤纹的特征分图层绘制出剩余部分花纹的具体造型，完成绘制。

3.2.6 对羊纹

| 对羊纹的绘制技巧 |

　　首先新建"底色"图层，选择"硬边圆压力不透明度"画笔工具，绘制出对羊纹头部部分的图形。接着新建"局部细节"图层组，根据对羊纹的特征分图层绘制出剩余部分花纹的具体造型，完成绘制。

3.2.7 对鸟纹

| 对鸟纹的绘制技巧 |

　　首先新建"底色"图层，选择"硬边圆压力不透明度"画笔工具，绘制出对鸟纹主体部分的图形。接着新建"局部细节"图层组，根据对鸟纹的特征分图层绘制出剩余部分花纹的具体造型，完成绘制。

3.2.8 团窠联珠对狮纹

| 团窠联珠对狮纹的绘制技巧 |

首先新建"底色"图层，选择"硬边圆压力不透明度"画笔工具，绘制出团窠联珠对狮纹主体部分的图形。接着新建"局部细节"图层组，根据团窠联珠对狮纹的特征分图层绘制出剩余部分花纹的具体造型，完成绘制。

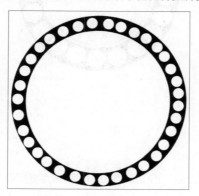

3.2.9 二龙戏珠纹

| 二龙戏珠纹的绘制技巧 |

首先新建"底色"图层，选择"硬边圆压力不透明度"画笔工具，绘制出二龙戏珠纹主体部分的图形。接着新建"局部细节"图层组，根据二龙戏珠纹的特征分图层绘制出剩余部分花纹的具体造型，完成绘制。

3.3 布料图案植物篇

学习了古风服饰的布料动物图案后，接下来针对布料植物图案的表现进行讲解，如彩兰蝶纹、桃实纹等。

3.3.1 联珠团花纹

| 联珠团花纹的绘制技巧 |

首先新建"底色"图层，选择"硬边圆压力不透明度"画笔工具，绘制出联珠团花纹中心部分的图形。接着新建"局部细节"图层组，根据联珠团花纹的特征分图层绘制出剩余部分花纹的具体造型，完成绘制。

 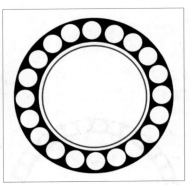 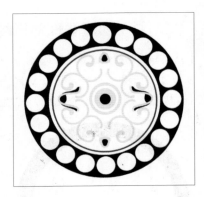

3·3·2　联珠树纹

　　首先新建"底色"图层,选择"硬边圆压力不透明度"画笔工具,绘制出联珠树纹主体部分的图形。接着新建"局部细节"图层组,根据联珠树纹的特征分图层绘制出剩余部分花纹的具体造型,完成绘制。

 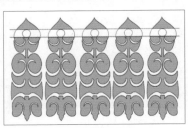 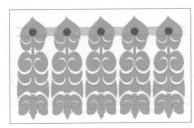

3·3·3　莲座双翼树纹

| 莲座双翼树纹的绘制技巧 |

　　首先新建"线稿"图层,选择"硬边圆压力不透明度"画笔工具,绘制出莲座双翼树纹的线稿。然后新建"底色"图层,绘制出莲座双翼树纹的图形。接着新建"局部细节"图层组,根据莲座双翼树纹的特征分图层绘制出剩余部分花纹的具体造型,完成绘制。

 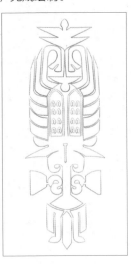  

3·3·4 缠枝莲纹

| 缠枝莲纹的绘制技巧 |

    首先新建"线稿"图层，选择"硬边圆压力不透明度"画笔工具，绘制出缠枝莲纹的线稿。然后新建"底色"图层，绘制出缠枝莲纹的图形。接着新建"局部细节"图层组，根据缠枝莲纹的特征分图层绘制出剩余部分花纹的具体造型，完成绘制。

3·3·5 龟背朵花纹

| 龟背朵花纹的绘制技巧 |

    首先新建"底色"图层，选择"硬边圆压力不透明度"画笔工具，绘制出龟背朵花纹中心部分的图形。接着新建"局部细节"图层组，根据龟背朵花纹的特征分图层绘制出剩余部分花纹的具体造型，完成绘制。

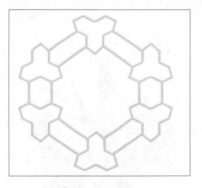 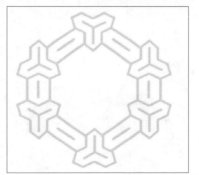 

3·3·6 蕃莲纹

| 蕃莲纹的绘制技巧 |

    首先新建"线稿"图层，选择"硬边圆压力不透明度"画笔工具，绘制出蕃莲纹的线稿。然后新建"底色"图层，绘制出蕃莲纹的图形。接着新建"局部细节"图层组，根据蕃莲纹的特征分图层绘制出剩余部分花纹的具体造型，完成绘制。

古风服饰布料的表现

3·3·7 彩兰蝶纹

首先新建"底色"图层,选择"硬边圆压力不透明度"画笔工具,绘制出彩兰蝶纹主体部分的图形。接着新建"局部细节"图层组,根据彩兰蝶的特征分图层绘制出剩余部分花纹的具体造型,完成绘制。

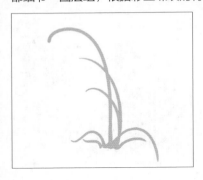  

3·3·8 桃实纹

| 桃实纹的绘制技巧 |

首先新建"线稿"图层,选择"硬边圆压力不透明度"画笔工具,绘制出桃实纹的线稿。然后新建"底色"图层,绘制出桃实纹的图形。接着新建"局部细节"图层组,根据桃实纹的特征分图层绘制出剩余部分花纹的具体造型,完成绘制。

◎ **本章主要内容**

学习了古风服饰绘制基础和古风服饰布料的表现之后,接下来针对古风服饰的结构进行讲解。本章主要介绍中衣、外衣、内衣、鞋履、袜子和帽子等结构的表现。

4.1 中衣

中衣是中国古代的衣物,是汉服的组成衣物之一,起搭配和衬托的作用。下面针对中衣的种类进行详细介绍。

4.1.1 衬衣

衬衣是古代穿在里面的贴身单衣。

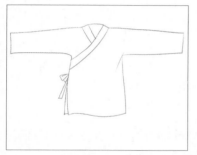

● 衬衣

4.1.2 衬袍

衬袍是用来衬托裲裆甲里的长衣。

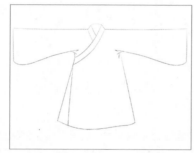

● 衬袍

4.1.3 袴

袴是古代中衣的一种,也是古代朝服和官服的组成衣物之一。

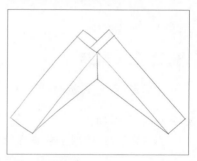

● 袴

4.2 外衣

外衣是中国古代人穿在外面的衣物,也是汉服的组成衣物之一。下面针对外衣的种类进行详细介绍。

4.2.1 正装

正装是一种用于正式场合穿着的服饰。

| 正装的绘制技巧 |

首先新建"线稿"图层,选择"硬边圆压力不透明度"画笔工具,绘制出正装的线稿。然后新建"底色"图层,绘制出正装的底色。接着新建"明暗变化"图层组,分图层绘制出正装各部分的明暗变化,完成绘制。

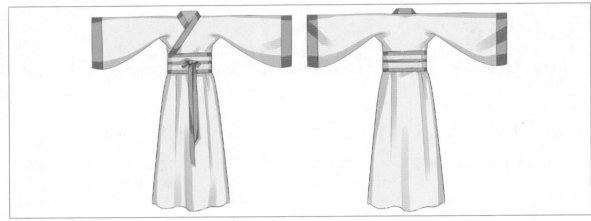

4.2.2 常装

常装是用于一般场合穿着的服饰。

| 常装的绘制技巧 |

首先新建"线稿"图层，选择"硬边圆压力不透明度"画笔工具，绘制出常装的线稿。然后新建"底色"图层，绘制出常装的底色。接着新建"明暗变化"图层组，分图层绘制出常装各部分的明暗变化，完成绘制。

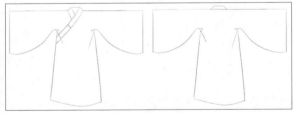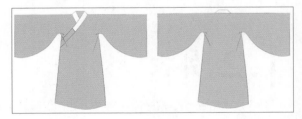

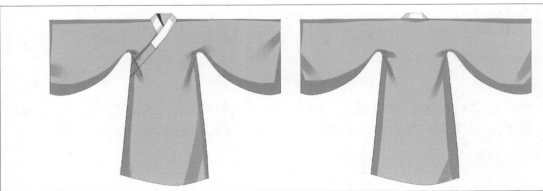

4.3 内衣

内衣是中国古代人穿在里面的衣物，也是汉服的组成衣物之一。下面将针对内衣的种类进行详细介绍。

4.3.1 汉朝心衣

汉朝心衣是中国古代内衣的一种，心衣大部分都是圆领。

| 汉朝心衣的绘制技巧 |

首先新建"线稿"图层，选择"硬边圆压力不透明度"画笔工具，绘制出汉朝心衣的线稿。然后新建"底色"图层，绘制出汉朝心衣的底色和花纹。接着新建"明暗变化"图层组，分图层绘制出汉朝心衣各部分的明暗变化，完成绘制。

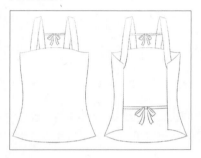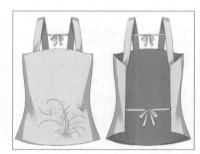

4.3.2 魏晋裲裆

魏晋裲裆，是魏晋时期用来穿着的铠甲，能防身护体。

| 魏晋裲裆的绘制技巧 |

首先新建"线稿"图层，选择"硬边圆压力不透明度"画笔工具，绘制出魏晋裲裆的线稿。然后新建"底色"图层，绘制出魏晋裲裆的底色和花纹。接着新建"明暗变化"图层组，分图层绘制出魏晋裲裆各部分的明暗变化，完成绘制。

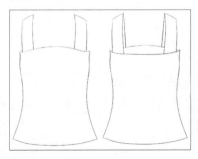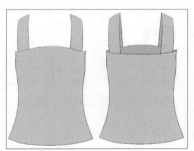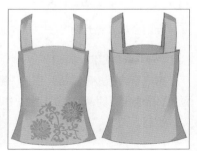

4.3.3 唐朝诃子

唐朝诃子是中国古代女子的胸衣。

　　首先新建"线稿"图层，选择"硬边圆压力不透明度"画笔工具，绘制出唐朝诃子的线稿。然后新建"底色"图层，绘制出唐朝诃子的底色。接着新建"明暗变化"图层组，分图层绘制出唐朝诃子各部分的明暗变化，完成绘制。

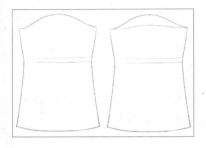 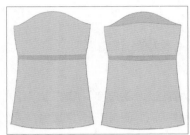 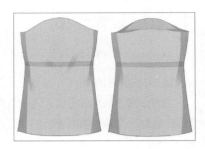

4·3·4　宋朝抹胸

　　宋朝抹胸是中国古代女子的内衣之一。

| 宋朝抹胸的绘制技巧 |

　　首先新建"线稿"图层，选择"硬边圆压力不透明度"画笔工具，绘制出宋朝抹胸的线稿。然后新建"底色"图层，绘制出宋朝抹胸的底色和花纹。接着新建"明暗变化"图层组，分图层绘制出宋朝抹胸各部分的明暗变化，完成绘制。

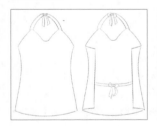   

4·3·5　元朝合欢襟

　　元朝合欢襟是元朝内衣的一种，主要特征是开襟。

| 元朝合欢襟的绘制技巧 |

　　首先新建"线稿"图层，选择"硬边圆压力不透明度"画笔工具，绘制出元朝合欢襟的线稿。然后新建"底色"图层，绘制出元朝合欢襟的底色。接着新建"明暗变化"图层组，分图层绘制出元朝合欢襟各部分的明暗变化，完成绘制。

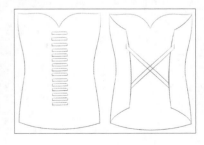 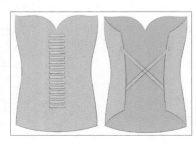 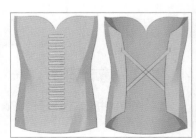

4.3.6 明朝主腰

明朝主腰是古代女子束胸的内衣。

| 明朝主腰的绘制技巧 |

　　首先新建"线稿"图层，选择"硬边圆压力不透明度"画笔工具，绘制出明朝主腰的线稿。然后新建"底色"图层，绘制出明朝主腰的底色。接着新建"明暗变化"图层组，分图层绘制出明朝主腰各部分的明暗变化，完成绘制。

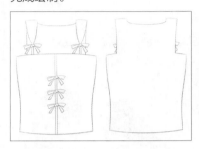  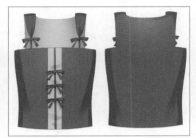

4.3.7 清朝肚兜

清朝肚兜是古代用来保护胸腹的贴身内衣。

| 清朝肚兜的绘制技巧 |

　　首先新建"线稿"图层，选择"硬边圆压力不透明度"画笔工具，绘制出清朝肚兜的线稿。然后新建"底色"图层，绘制出清朝肚兜的底色和花纹。接着新建"明暗变化"图层组，分图层绘制出清朝肚兜各部分的明暗变化，完成绘制。

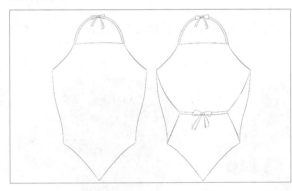 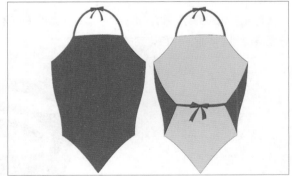

 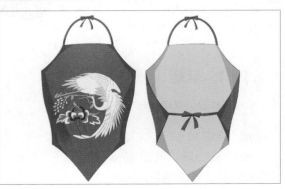

4.4 鞋履

鞋履是用于穿在脚部的衣物。下面针对鞋履的种类进行详细介绍。

4.4.1 葛履

葛履是以蒲草为原料制作的鞋子。

| 葛履的绘制技巧 |

　　首先新建"线稿"图层，选择"硬边圆压力不透明度"画笔工具，绘制出葛履的线稿。然后新建"底色"图层，分图层绘制出葛履的底色，完成绘制。

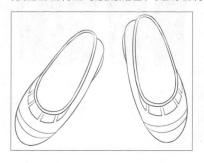 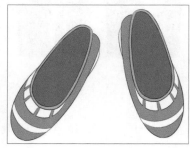 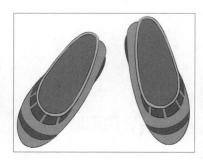

4.4.2 木履

木履即为木底鞋。

| 木履的绘制技巧 |

　　首先新建"线稿"图层，选择"硬边圆压力不透明度"画笔工具，绘制出木履的线稿。然后新建"底色"图层，分图层绘制出木履的底色，完成绘制。

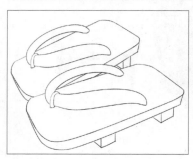  

4.4.3 麻履

麻履即麻鞋，是用麻制作的鞋子。

| 麻履的绘制技巧 |

　　首先新建"线稿"图层，选择"硬边圆压力不透明度"画笔工具，绘制出麻履的线稿。然后新建"底色"图层，分图层绘制出麻履的底色，完成绘制。

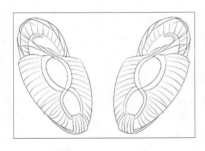 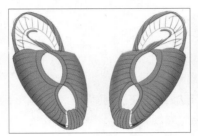 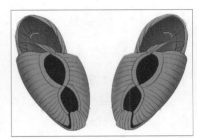

4·4·4 布鞋

布鞋是用布制作而成的鞋子。

| 布鞋的绘制技巧 |

首先新建"线稿"图层，选择"硬边圆压力不透明度"画笔工具，绘制出布鞋的线稿。然后新建"底色"图层，分图层绘制出布鞋的底色，完成绘制。

4·4·5 草鞋

草鞋是用稻草等各种材料编织而成的鞋子。

| 草鞋的绘制技巧 |

首先新建"线稿"图层，选择"硬边圆压力不透明度"画笔工具，绘制出草鞋的线稿。然后新建"底色"图层，分图层绘制出草鞋的底色，完成绘制。

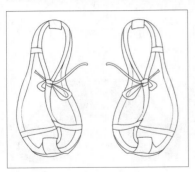 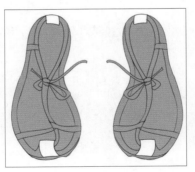 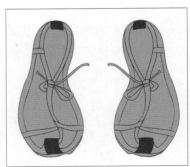

4.4.6 圆头履

圆头履是履头上呈圆形的鞋子。

| 圆头履的绘制技巧 |

首先新建"线稿"图层，选择"硬边圆压力不透明度"画笔工具，绘制出圆头履的线稿。然后新建"底色"图层，分图层绘制出圆头履的底色，完成绘制。

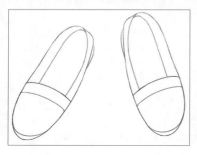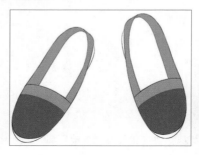

4.4.7 方头履

方头履是履头上呈方形的鞋子。

| 方头履的绘制技巧 |

首先新建"线稿"图层，选择"硬边圆压力不透明度"画笔工具，绘制出方头履的线稿。然后新建"底色"图层，分图层绘制出方头履的底色，完成绘制。

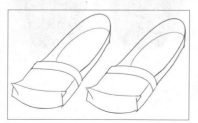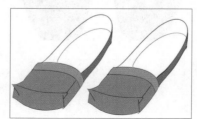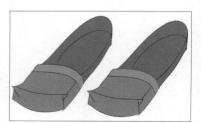

4.4.8 高头履

高头履是指履头翘得很高的鞋子。

| 高头履的绘制技巧 |

首先新建"线稿"图层，选择"硬边圆压力不透明度"画笔工具，绘制出高头履的线稿。然后新建"底色"图层，分图层绘制出高头履的底色，完成绘制。

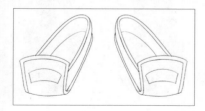

4.4.9 云头履

云头履是指履头呈云形的鞋子。

| 云头履的绘制技巧 |

    首先新建"线稿"图层，选择"硬边圆压力不透明度"画笔工具，绘制出云头履的线稿。然后新建"底色"图层，分图层绘制出云头履的底色，完成绘制。

4.4.10 钩履

钩履是指履头呈现钩子形状的鞋子。

| 钩履的绘制技巧 |

    首先新建"线稿"图层，选择"硬边圆压力不透明度"画笔工具，绘制出钩履的线稿。然后新建"底色"图层，分图层绘制出钩履的底色，完成绘制。

4.4.11 花盆底鞋

花盆底鞋是清朝绣花的旗鞋。

| 花盆底鞋的绘制技巧 |

    首先新建"线稿"图层，选择"硬边圆压力不透明度"画笔工具，绘制出花盆底鞋的线稿。然后新建"底色"图层，分图层绘制出花盆底鞋的底色，完成绘制。

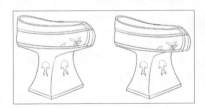 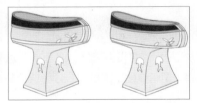 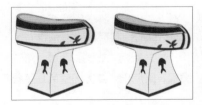

4.4.12 旗鞋

旗鞋是清朝满族女子穿着的鞋子。

| 旗鞋的绘制技巧 |

    首先新建"线稿"图层，选择"硬边圆压力不透明度"画笔工具，绘制出旗鞋的线稿。然后新建"底色"图层，分图层绘制出旗鞋的底色，完成绘制。

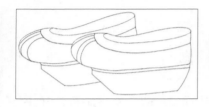 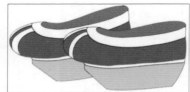 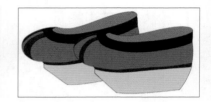

4.4.13 绣花小脚鞋

绣花小脚鞋是古代女子用来裹脚穿着的鞋子，尺寸小于三寸。

| 绣花小脚鞋的绘制技巧 |

首先新建"线稿"图层，选择"硬边圆压力不透明度"画笔工具，绘制出绣花小脚鞋的线稿。然后新建"底色"图层，分图层绘制出绣花小脚鞋的底色，完成绘制。

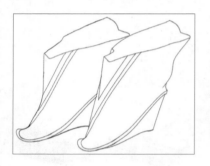  

4.5 袜子

袜子是用于穿在脚上的服饰，不同的袜子由不同的原料制作而成。下面针对袜子的种类进行详细介绍。

4.5.1 绸袜裤

绸袜裤是由绸制作而成的，其裤身一般很高。

| 绸袜裤的绘制技巧 |

首先新建"线稿"图层，选择"硬边圆压力不透明度"画笔工具，绘制出绸袜裤的线稿。然后新建"底色"图层，绘制出绸袜裤的底色。接着新建"明暗变化"图层组，分图层绘制出绸袜裤的明暗变化，完成绘制。

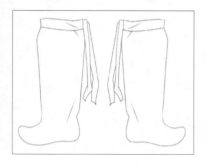 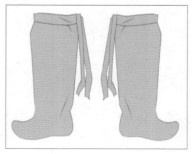 

百媚千红 古风CG插画绘制技法精解（服饰篇）

4.5.2 素绢夹袜

素绢夹袜是由整绢裁缝制作而成。

| 素绢夹袜的绘制技巧 |

首先新建"线稿"图层，选择"硬边圆压力不透明度"画笔工具，绘制出素绢夹袜的线稿。然后新建"底色"图层，绘制出素绢夹袜的底色。接着新建"明暗变化"图层组，分图层绘制出素绢夹袜的明暗变化，完成绘制。

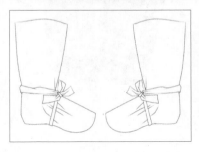 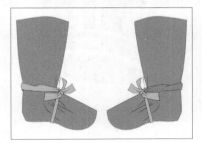 

4.6 帽子

帽子是一种戴在头上的服饰用品，能起到搭配和防寒的作用。下面针对帽子的种类进行详细介绍。

4.6.1 缁布冠

缁布冠是古代行使冠礼时穿戴的一种冠式。

| 缁布冠的绘制技巧 |

首先新建"线稿"图层，选择"硬边圆压力不透明度"画笔工具，绘制出缁布冠的线稿。然后新建"底色"图层，分图层绘制出缁布冠的底色，完成绘制。

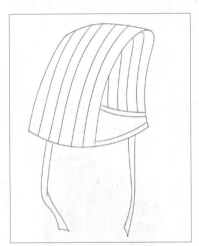  

4.6.2 委貌冠

委貌冠是以玄色帛为冠衣的古代的一种冠式。

    首先新建"线稿"图层,选择"硬边圆压力不透明度"画笔工具,绘制出委貌冠的线稿。然后新建"底色"图层,分图层绘制出委貌冠的底色,完成绘制。

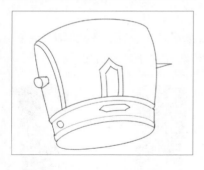

4.6.3 巧士冠

    巧士冠是古代皇帝祭天时随从官员穿戴的一种冠式。

| 巧士冠的绘制技巧 |

    首先新建"线稿"图层,选择"硬边圆压力不透明度"画笔工具,绘制出巧士冠的线稿。然后新建"底色"图层,分图层绘制出巧士冠的底色,完成绘制。

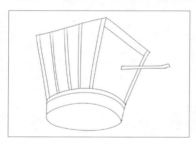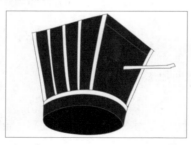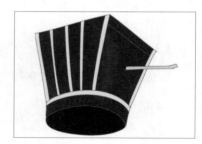

4.6.4 高山冠

    高山冠是古代的一种冠式,因其外形如山而得名。

| 高山冠的绘制技巧 |

    首先新建"线稿"图层,选择"硬边圆压力不透明度"画笔工具,绘制出高山冠的线稿。然后新建"底色"图层,绘制出高山冠的底色。接着新建"明暗变化"图层组,分图层绘制出高山冠各部分的明暗变化,完成绘制。

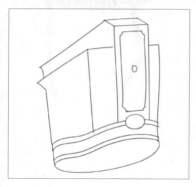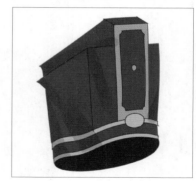

古风服饰的类别 05

◎ **本章主要内容**

本章主要介绍了古风服饰的类别，包括黔首、布衣、白袍、青衣等。

5.1 黔首

黔首是古代对百姓的称呼，这里用来代指百姓穿着的服饰。

| 黔首的绘制技巧 |

首先新建"线稿"图层，选择"硬边圆压力不透明度"画笔工具，绘制出黔首的线稿。然后新建"底色"图层，绘制出黔首的底色。接着新建"明暗变化"图层组，分图层绘制出黔首各部分的明暗变化，完成绘制。

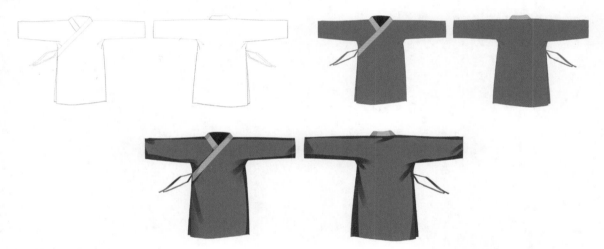

5.2 布衣

布衣是指用麻布制作而成的衣物，这里用来代指平民百姓的服饰，但与黔首在款式上有所不同。

| 布衣的绘制技巧 |

首先新建"线稿"图层，选择"硬边圆压力不透明度"画笔工具，绘制出布衣的线稿。然后新建"底色"图层，绘制出布衣的底色。接着新建"明暗变化"图层组，分图层绘制出布衣各部分的明暗变化，完成绘制。

5·3 白袍

白袍是一种白色的过膝外衣。

| 白袍的绘制技巧 |

　　首先新建"线稿"图层，选择"硬边圆压力不透明度"画笔工具，绘制出白袍的线稿。然后新建"底色"图层，绘制出白袍的底色。接着新建"明暗变化"图层组，分图层绘制出白袍各部分的明暗变化，完成绘制。

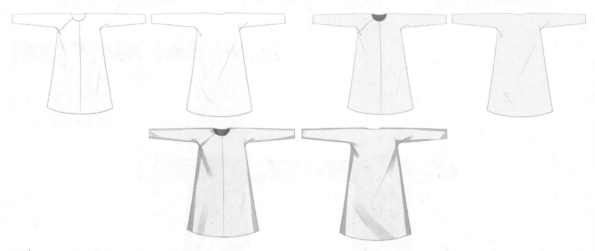

5·4 青衿

青衿是青色交领的长衫，也代指古代学子。

| 青衿的绘制技巧 |

　　首先新建"线稿"图层，选择"硬边圆压力不透明度"画笔工具，绘制出青衿的线稿。然后新建"底色"图层，绘制出青衿的底色。接着新建"明暗变化"图层组，分图层绘制出青衿各部分的明暗变化，完成绘制。

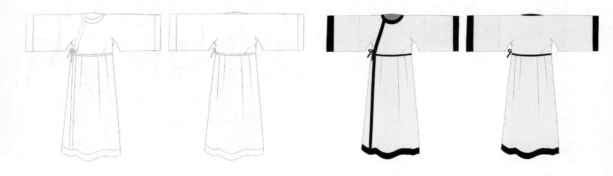

5·5 黄裳

黄裳是古代一种黄色的衣裳，有尊贵吉祥的寓意。

| 黄裳的绘制技巧 |

首先新建"线稿"图层，选择"硬边圆压力不透明度"画笔工具，绘制出黄裳的线稿。然后新建"底色"图层，绘制出黄裳的底色。接着新建"明暗变化"图层组，分图层绘制出黄裳各部分的明暗变化，完成绘制。

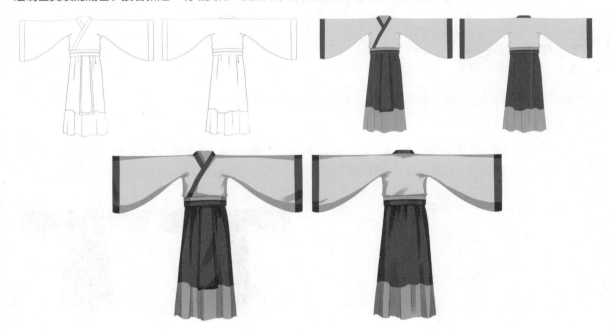

5·6 缙绅

缙绅是古代宦官穿着的服饰，也可用来代指宦官。

| 缙绅的绘制技巧 |

首先新建"线稿"图层，选择"硬边圆压力不透明度"画笔工具，绘制出缙绅的线稿。然后新建"底色"图层，绘制出缙绅的底色。接着新建"明暗变化"图层组，分图层绘制出缙绅各部分的明暗变化，完成绘制。

5·7 簪缨

簪缨是古代达官贵人的冠饰，借以指高官显宦，这里用来代指古代朝服服饰。

| 簪缨的绘制技巧 |

首先新建"线稿"图层，选择"硬边圆压力不透明度"画笔工具，绘制出簪缨的线稿。然后新建"底色"图层，绘制出簪缨的底色和花纹。接着新建"明暗变化"图层组，分图层绘制出簪缨各部分的明暗变化，完成绘制。

5.8 裙钗

裙钗借指妇女，这里用来代指古代女子的服饰。

| 裙钗的绘制技巧 |

首先新建"线稿"图层，选择"硬边圆压力不透明度"画笔工具，绘制出裙钗的线稿。然后新建"底色"图层，绘制出裙钗的底色。接着新建"明暗变化"图层组，分图层绘制出裙钗各部分的明暗变化，完成绘制。

5.9 青衣

青衣指的是一种青色或黑色的衣服，也代指古代的婢仆、差役等人。

| 青衣的绘制技巧 |

首先新建"线稿"图层，选择"硬边圆压力不透明度"画笔工具，绘制出青衣的线稿。然后新建"底色"图层，绘制出青衣的底色。接着新建"明暗变化"图层组，分图层绘制出青衣各部分的明暗变化，完成绘制。

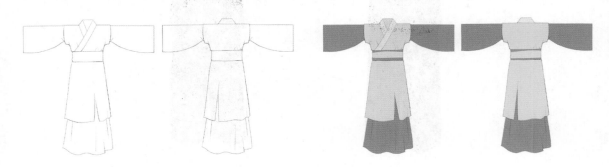

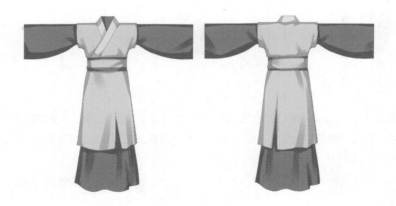

5.10 赭衣

赭衣是古代的囚衣，也代指囚犯。

| 赭衣的绘制技巧 |

首先新建"线稿"图层，选择"硬边圆压力不透明度"画笔工具，绘制出赭衣的线稿。然后新建"底色"图层，绘制出赭衣的底色。接着新建"明暗变化"图层组，分图层绘制出赭衣各部分的明暗变化，完成绘制。

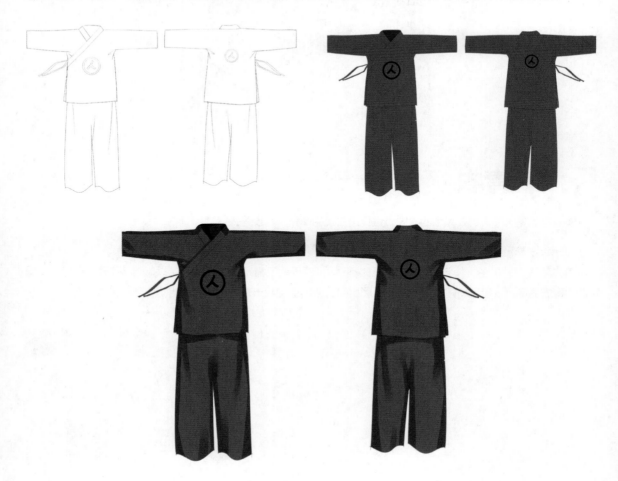

◎ **本章主要内容**

本章主要介绍春秋战国服饰的服饰特征、常见纹样、男子服饰的画法、女子服饰的画法及胡服服饰的画法等。

6.1 服饰特征

　　春秋战国时期，男女衣着通用上衣下裳相连的深衣，这是该时期盛行的颇具代表性的一种服饰，上层社会大体流行深衣和胡服，而较为典型的服饰特征为交领右衽、直裾、长袖等。下面针对不同的服饰特征进行详细介绍。

6.1.1 交领右衽

　　春秋战国时期的服饰，属于汉服，而交领右衽，是汉代服饰的典型特征之一。交领，指的是衣服的前襟左右相交；右衽，指的是左前襟掩向右腋系带，将右襟掩覆于内，是汉代服饰最基本的特征。

6.1.2 直裾

　　春秋战国时期，深衣是颇具代表性的一种服饰，而直裾则是深衣的一种主要模式，男女皆可穿着，其特点是正直端方的方形衣身。

6.1.3 长袖

长袖是指上身穿有着长长袖口的宽衣。

● 交领右衽

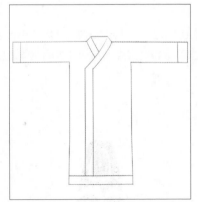
● 直裾

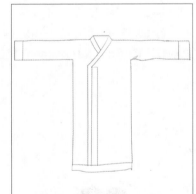
● 长袖

6.2 常见纹样

春秋战国时期随着社会思潮的活跃，装饰艺术风格逐渐转向开放式，造型由变形走向写实，春秋战国时期的纹样题材除了有以几何骨骼为基础的纹样，也有以龙凤、动物纹为基础设计的纹样，其纹样具有一定的象征含义。下面针对春秋战国时期著名的菱形纹饰、波曲纹饰、对龙对凤纹饰等纹样的表现进行讲解。

6.2.1 菱形纹饰

| 菱形纹饰的绘制技巧 |

首先新建"底色"图层，选择"硬边圆压力不透明度"画笔工具，绘制出菱形纹中心部分的图形。接着新建"局部细节"图层组，根据菱形纹的特征分图层绘制出外围部分花纹的具体造型，完成绘制。

6.2.2 波曲纹饰

| 波曲纹饰的绘制技巧 |

首先新建"底色"图层，选择"硬边圆压力不透明度"画笔工具，绘制出波曲纹中心部分的图形。接着新建"局部细节"图层组，根据波曲纹的特征分图层绘制出外围部分花纹的具体造型，完成绘制。

6.2.3　对龙对凤纹饰

| 对龙对凤纹饰的绘制技巧 |

　　首先新建"底色"图层，选择"硬边圆压力不透明度"画笔工具，绘制出对龙对凤纹左边部分的图形。接着新建"局部细节"图层组，根据对龙对凤纹的特征分图层绘制出剩余部分花纹的具体造型，完成绘制。

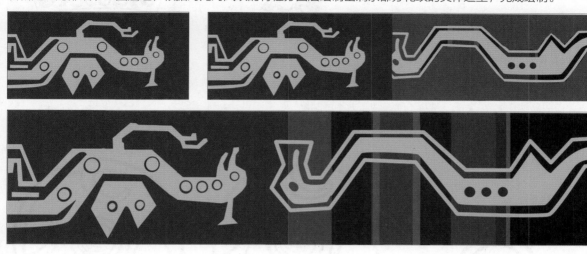

6.2.4　变体凤纹饰

| 变体凤纹饰的绘制技巧 |

　　首先新建"底色"图层，选择"硬边圆压力不透明度"画笔工具，绘制出变体凤纹主体部分的图形。接着新建"局部细节"图层组，根据变体凤纹的特征分图层绘制出剩余部分花纹的具体造型，完成绘制。

6.2.5　夔龙纹饰

| 夔龙纹饰的绘制技巧 |

　　首先新建"底色"图层，选择"硬边圆压力不透明度"画笔工具，绘制出夔龙纹中心部分的图形。接着新建"局部细节"图层组，根据夔龙纹的特征分图层绘制出剩余部分花纹的具体造型，完成绘制。

6.2.6 涡纹饰

| 涡纹饰的绘制技巧 |

　　首先新建"底色"图层,选择"硬边圆压力不透明度"画笔工具,绘制出涡纹中心部分的图形。接着新建"局部细节"图层组,根据涡纹的特征分图层绘制出剩余部分花纹的具体造型,完成绘制。

6.2.7 重环纹饰

| 重环纹饰的绘制技巧 |

　　首先新建"底色"图层,选择"硬边圆压力不透明度"画笔工具,绘制出重环纹中心部分的图形。接着新建"局部细节"图层组,根据重环纹的特征分图层绘制出剩余部分花纹的具体造型,完成绘制。

6.3 男子服饰的画法

学习了春秋战国时期服饰的基本特征和常见纹样的画法之后，接下来针对男子服饰的画法进行讲解，如便服、常服等。

6.3.1 便服

便服是指春秋战国时期右衽左右开裾的外装，为日常平时的穿着，接下来针对春秋战国时期便服正反面及上身效果进行展示。

● 便服正面效果

● 便服反面效果

● 便服上身效果

1 绘制要点

（1）注意把握好服饰纹理褶皱的穿插关系。

（2）无论是线稿还是上色都要遵循从局部入手依次深入刻画的原则。

注意便服前面领子是Y字领。

注意绘制亮部和暗部时要把握好光源的统一。

注意服饰之间的投影要画出来。

2 绘制步骤

Step 01 打开 Photoshop 软件，执行"文件"→"新建"命令，弹出"新建"对话框。新建"线稿"图层，选择"硬边圆压力不透明度"画笔工具（●）并把画笔的大小设置为2像素，用黑色"000000"（■）勾勒出人物头部的线稿。

Step 02 绘制出人物上半身服饰的线条，如衣领、肩部、衣袖等。

Step 03 绘制出下半身剩余部分服饰的线条，调整并完善局部细节的刻画，完成线稿的绘制。

Step 04 新建"头部上色"图层组，选择"硬边圆压力不透明度"画笔工具（●），选择色卡为"f0ded4"（▢）、"241414"（■）、"ffd5ab"（▢）的颜色绘制出头部皮肤，头发和头饰的底色。

Step 05 新建"头部明暗关系"图层组，选择"晕染水墨"画笔工具（✎），选择色卡为"cba598"（▢）、"281a1a"（■）的颜色分图层绘制出皮肤的明暗变化和眼睛的底色。

Step 06 新建"服饰上色"图层组，选择"硬边圆压力不透明度"画笔工具（●），选择色卡为"514557"（■）的颜色绘制出服饰的底色。

Step 07 选择色卡为"e18b5c"（▢）、"facf8b"（▢）的颜色绘制出服饰剩余部分的底色。

Step 08 新建"服饰明暗关系"图层组，选择"晕染水墨"画笔工具（✎），选择色卡为"332739"（■）、"9c684b"（▢）、"a5895c"（▢）的颜色分图层绘制出服饰的暗部。最后调整并完善局部细节，完成绘制。

首先新建"线稿"图层，选择"硬边圆压力不透明度"画笔工具绘制出头面的线稿。接着新建"底色"图层，分图层绘制出皮肤、头发等各部分的底色。然后新建"晕染"图层，选择"柔边圆压力不透明度"画笔工具，分别绘制出各部分的明暗层次变化，并刻画局部细节，完成绘制。

| 腰带的绘制技巧 |

首先新建"线稿"图层，选择"硬边圆压力不透明度"画笔工具准确绘制出腰带的线稿。接着新建"上色"图层组，在"线稿"图层的基础上，依次绘制出腰带的底色及明暗变化，完成绘制。

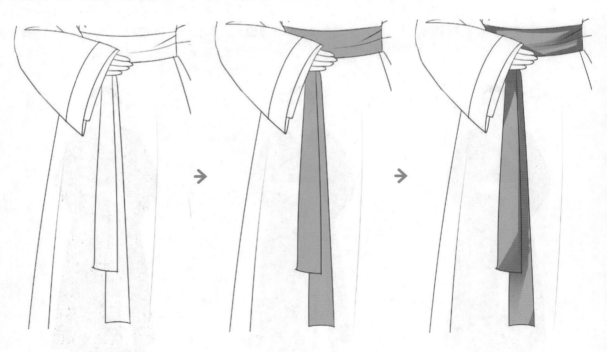

6.3.2 常服

常服按季节分为夏常服和冬常服，适合日常穿着，接下来针对春秋战国时期常服正反面及上身效果进行展示。

● 常服正面效果

● 常服反面效果

● 常服上身效果

（1）注意把握好服饰纹理褶皱的穿插关系。

（2）无论是线稿还是上色都要遵循从局部入手依次深入刻画的原则。

注意衣服交领右衽的特征。

注意褶皱的走向是根据衣服受力作用表现的。

注意服饰之间的投影要画出来。

2 绘制步骤

Step 01 打开 Photoshop 软件，执行"文件"→"新建"命令，弹出"新建"对话框。新建"线稿"图层，选择"硬边圆压力不透明度"画笔工具（●）并把画笔的大小设置为2像素，用黑色"000000"（■）勾勒出人物头部的线稿。

Step 02 绘制出人物上半身服饰的线条，如衣领、肩部、衣袖等。

01

02

Step 03 绘制出下半身剩余部分服饰的线条，调整并完善局部细节的刻画，完成线稿的绘制。

Step 04 新建"头部上色"图层组，选择"硬边圆压力不透明度"画笔工具（●），选择 色卡为"edd5c9"（▨）、"4f5468"（■）、"1c1210"（■）、"392f2e"（■）的颜色绘制出皮肤、头发、眼睛和头饰的底色。

Step 05 新建"头部明暗关系"图层组，选择"晕染水墨"画笔工具（☙），选择色卡为"c4a299"（▨）的颜色分图层绘制出皮肤的明暗变化。

Step 06 新建"服饰上色"图层组，选择"硬边圆压力不透明度"画笔工具（●），选择色卡为"53d5bb"（▨）、"ecb388"（▨）、"4e4f61"（■）、"8a8d96"（▨）、"59393a"（■）的颜色绘制出服饰的底色。

Step 07 选择色卡为"24253a"（■）的颜色绘制出服饰的花纹。

Step 08 新建"服饰明暗关系"图层组，选择"晕染水墨"画笔工具（☙），选择色卡为"34364b"（■）、"54575c"（■）、"372324"（■）的颜色分图层绘制出服饰的暗部。最后调整并完善局部细节，完成绘制。

　　首先新建"线稿"图层，选择"硬边圆压力不透明度"画笔工具准确绘制出花纹的线稿。接着新建"上色"图层，在"线稿"图层的基础上，绘制出花纹的底色。最后，新建"明暗变化"图层，画出衣服的明暗变化，完成绘制。

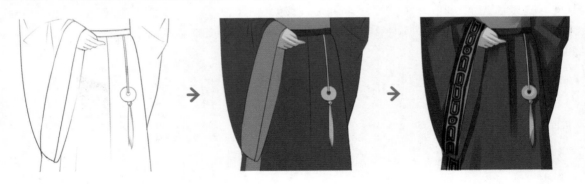

　　绘制花纹时，可以先画好其中一个花纹，再使用套索工具，选中画好的花纹，再执行"编辑"→"拷贝"→"粘贴"，"编辑"→"自由变换"的操作，改变复制出来的花纹的位置，依次反复执行上面的操作，就可以很方便快捷地画好衣服上的花纹，同时按住快捷键"Ctrl+D"也可以快速取消选区。

● 重环纹饰

| 手的绘制技巧 |

　　首先新建 "线稿"图层，选择"硬边圆压力不透明度"画笔工具准确绘制出手的线稿。接着新建"上色"图层，在"线稿"图层的基础上，依次绘制出手的底色及明暗变化，完成绘制。

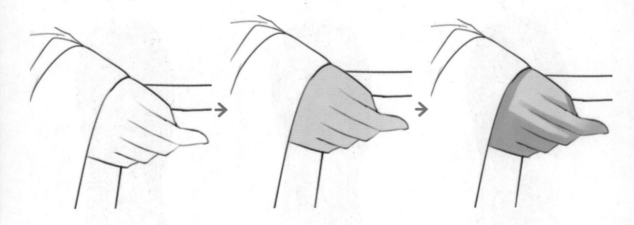

百媚千红　古风CG插画绘制技法精解（服饰篇）

6.4 女子服饰的画法

　　学习了春秋战国时期男子服饰的画法之后，接下来针对女子服饰的画法进行讲解，如直裾单衣、曲裾深衣等。

6.4.1 直裾单衣

　　直裾单衣是古代一种比较长的单衣，其特征为前后大身部分方形平直，接下来针对春秋战国时期直裾单衣正反面及上身效果进行展示。

● 直裾单衣正面效果

● 直裾单衣反面效果

● 直裾单衣上身效果

1 绘制要点

（1）注意把握好服饰纹理褶皱的穿插关系。

（2）无论是线稿还是上色都要遵循从局部入手依次深入刻画的原则。

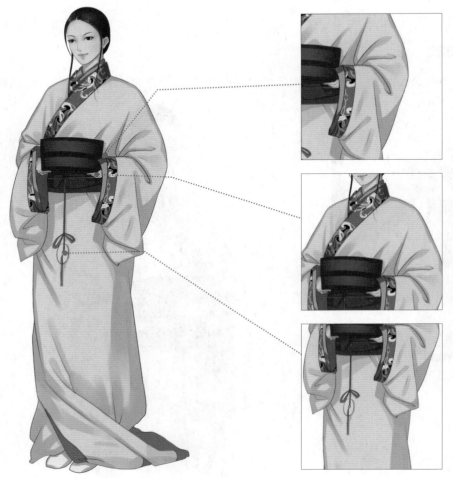

注意褶皱的走向是根据衣服受力作用表现的。

注意直裾单衣前面领子是Y字领。

注意画出服饰之间的投影，才能将其立体感表现出来。

2 绘制步骤

Step 01 打开 Photoshop 软件，执行"文件"→"新建"命令，弹出"新建"对话框。新建"线稿"图层，选择"硬边圆压力不透明度"画笔工具（●）并把画笔的大小设置为2像素，用黑色"000000"（■）勾勒出人物头部的线稿。

Step 02 绘制出人物上半身服饰的线条，如衣领、肩部、衣袖等。

Step 03 绘制出下半身剩余部分服饰的线条，调整并完善局部细节的刻画，完成线稿的绘制。

Step 04 新建"头部上色"图层组，选择"硬边圆压力不透明度"画笔工具（●），选择色卡为"f1d6c5"（▨）、"433832"（■）的颜色绘制出头部皮肤、头发的底色。

Step 05 新建"头部明暗关系"图层组，选择"晕染水墨"画笔工具（✐），选择色卡为"c4958b"（▨）、"191007"（■）的颜色分图层绘制出皮肤的明暗变化和眼睛的底色。

Step 06 新建"服饰上色"图层组，选择"硬边圆压力不透明度"画笔工具（●），选择色卡为"e82418"（■）、"bff4e0"（▨）、"f88358"（▨）、"ffd2a8"（▨）、"9d654c"（■）的颜色绘制出服饰的底色。

Step 07 选择色卡为"a99067"（■）、"e9dcd6"（▨）、"040e05"（■）的颜色绘制出服饰的花纹。

Step 08 新建"服饰明暗关系"图层组，选择"晕染水墨"画笔工具（✐），选择色卡为"b3431d"（■）、"c8986a（■）、"734a38"（■）的颜色分图层绘制出服饰的暗部。最后调整并完善局部细节，完成绘制。

　　首先新建"线稿"图层，选择"硬边圆压力不透明度"画笔工具绘制出头面的线稿。接着新建"底色"图层，分图层绘制出皮肤、头发等各部分的底色。然后新建"晕染"图层，选择"柔边圆压力不透明度"画笔工具，分别绘制出各部分的明暗层次变化，并刻画局部细节，完成绘制。

| 花纹的绘制技巧 |

　　首先新建"线稿"图层，选择"硬边圆压力不透明度"画笔工具准确绘制出花纹的线稿。接着新建"上色"图层，在"线稿"图层的基础上，绘制出花纹的底色。最后新建"明暗变化"图层，画出衣服的明暗变化，完成绘制。

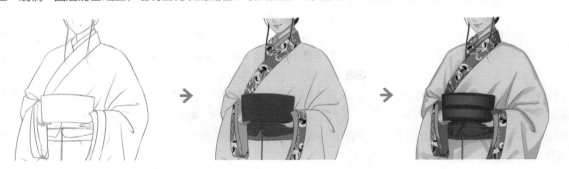

Tips

　　注意绘制花纹时，可以先画好其中一个花纹，再使用套索工具，选中画好的花纹，再执行"编辑"→"拷贝"→"粘贴"，"编辑"→"自由变换"的操作，改变复制出来的花纹的位置，依次反复执行上面的操作，就可以很方便快捷地画好衣服上的花纹，同时按住快捷键"Ctrl+D"也可以快速取消选区。

● 变体凤纹饰

6.4.2 曲裾深衣

　　曲裾深衣是春秋战国时期一种续衽绕襟的颇具代表性的服饰，接下来针对春秋战国时期曲裾深衣正反面及上身效果进行展示。

● 曲裾深衣正面效果

● 曲裾深衣反面效果

● 曲裾深衣上身效果

▌ 绘制要点

（1）注意把握好服饰纹理褶皱的穿插关系。

（2）无论是线稿还是上色都要遵循从局部入手依次深入刻画的原则。

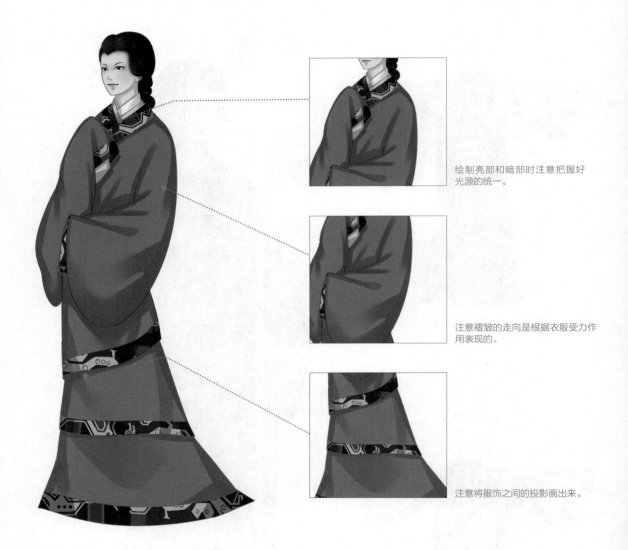

绘制亮部和暗部时注意把握好光源的统一。

注意褶皱的走向是根据衣服受力作用表现的。

注意将服饰之间的投影画出来。

▌ 绘制步骤

Step 01 打开 Photoshop 软件，执行"文件"→"新建"命令，弹出"新建"对话框。新建"线稿"图层，选择"硬边圆压力不透明度"画笔工具（●）并把画笔的大小设置为 2 像素，用黑色"000000"（■）勾勒出人物头部的线稿。

Step 02 绘制出人物上半身服饰的线条，如衣领、肩部、衣袖等。

Step 03 绘制出下半身剩余部分服饰的线条，调整并完善局部细节的刻画，完成线稿的绘制。

Step 04 新建"头部上色"图层组，选择"硬边圆压力不透明度"画笔工具（●），选择色卡为"ff3dbce"（░░）、"1d0b09"（██）的颜色绘制出头部皮肤、头发的底色。

Step 05 新建"头部明暗关系"图层组，选择"晕染水墨"画笔工具（🖌），选择色卡为"cea297"（░░）、"392524"（██）、"201010"（██）的颜色分图层绘制出皮肤、头发的明暗变化和眼睛的底色。

Step 06 新建"服饰上色"图层组，选择"硬边圆压力不透明度"画笔工具（●），选择色卡为"bd524f"（██）的颜色绘制出服饰的底色。

Step 07 选择色卡为"d7ab84"（░░）、"4d3234"（██）、"2f201f"（██）的颜色绘制出服饰的花纹。

Step 08 新建"服饰明暗关系"图层组，选择"晕染水墨"画笔工具（🖌），选择色卡为"846951"（██）、"170f0f"（██）、"211715"（██）、"8f2522"（██）的颜色分图层绘制出服饰的暗部。最后调整并完善局部细节，完成绘制。

　　首先新建"线稿"图层，选择"硬边圆压力不透明度"画笔工具绘制出头面的线稿。接着新建"底色"图层，分图层绘制出皮肤、头发等各部分的底色。然后新建"晕染"图层，选择"柔边圆压力不透明度"画笔工具，分别绘制出各部分的明暗层次变化，并刻画局部细节，完成绘制。

| 花纹的绘制技巧 |

　　首先新建"线稿"图层，选择"硬边圆压力不透明度"画笔工具准确绘制出花纹的线稿。接着新建"上色"图层，在"线稿"图层的基础上，绘制出花纹的底色。最后新建"明暗变化"图层，画出衣服的明暗变化，完成绘制。

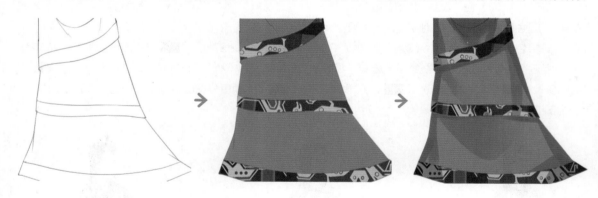

● 对龙对凤纹饰

6.5 胡服服饰的画法

学习了春秋战国时期女子服饰的画法之后，接下来将针对胡服服饰的画法进行讲解。

胡服，是古代一种紧身的短衣，便于活动，接下来针对春秋战国时期胡服正反面以上身效果进行展示。

● 胡服正面效果

● 胡服反面效果

● 胡服上身效果

1 绘制要点

（1）注意把握好服饰纹理褶皱的穿插关系。

（2）无论是线稿还是上色都要遵循从局部入手依次深入刻画的原则。

注意胡服前面领子是Y字领。

注意画出服饰之间的投影，才能将其立体感表现出来。

注意画出裤子的阴影表现出身体的厚度。

2 绘制步骤

Step 01 打开 Photoshop 软件，执行"文件"→"新建"命令，弹出"新建"对话框。新建"线稿"图层，选择"硬边圆压力不透明度"画笔工具（●）并把画笔的大小设置为 2 像素，用黑色"000000"（■）勾勒出人物头部的线稿。

Step 02 绘制出人物上半身服饰的线条，例如，衣领、肩部、衣袖等。

百媚千红 古风CG插画绘制技法精解（服饰篇）

Step 03 绘制出下半身剩余部分服饰的线条，调整并完善局部细节的刻画，完成线稿的绘制。

Step 04 新建"头部上色"图层组，选择"硬边圆压力不透明度"画笔工具（●），选择色卡为"eedacf"（■）、"1b1612"（■）、"210f05"（■）、"f7deca"（■）的颜色绘制出头部皮肤、头发、眼睛和头饰的底色。

Step 05 新建"头部明暗关系"图层组，选择"晕染水墨"画笔工具（🖌），选择色卡为"daac9f"（■）、"a67354"（■）的颜色分图层绘制出皮肤和头饰的明暗变化。

Step 06 新建"服饰上色"图层组，选择"硬边圆压力不透明度"画笔工具（●），选择色卡为"f4f3ef"（■）、"61463b"（■）的颜色绘制出服饰的底色。

Step 07 选择色卡为"c83219"（■）、"db8b50"（■）的颜色绘制出服饰剩余部分的底色。

Step 08 新建"服饰明暗关系"图层组，选择"晕染水墨"画笔工具（🖌），选择色卡为"d1cec9"（■）、"432618"（■）、"95200e"（■）、"986138"（■）的颜色分图层绘制出服饰的暗部。最后调整并完善局部细节，完成绘制。

| 头部的上色技巧 |

　　首先新建"线稿"图层，选择"硬边圆压力不透明度"画笔工具绘制出头面的线稿。接着新建"底色"图层，分图层绘制出皮肤、头发等各部分的底色。然后新建"晕染"图层，选择"柔边圆压力不透明度"画笔工具，分别绘制出各部分的明暗层次变化，并刻画局部细节，完成绘制。

| 腰带的绘制技巧 |

　　首先新建"线稿"图层，选择"硬边圆压力不透明度"画笔工具准确绘制出腰带的线稿。接着新建"上色"图层组，在"线稿"图层的基础上，依次绘制出腰带的底色及明暗变化，完成绘制。

| 手的绘制技巧 |

　　首先新建"线稿"图层，选择"硬边圆压力不透明度"画笔工具准确绘制出手的线稿。接着新建"上色"图层组，在"线稿"图层的基础上，依次绘制出手的底色及明暗变化，完成绘制。

| 鞋子的绘制技巧 |

　　首先新建"线稿"图层，选择"硬边圆压力不透明度"画笔工具准确绘制出鞋子的线稿。接着新建"上色"图层组，在"线稿"图层的基础上，依次绘制出鞋子的底色及明暗变化，完成绘制。

秦汉服饰的表现 07

◎ **本章主要内容**

本章主要介绍秦汉时期服饰的常见类型、服饰特征、常见纹样、男子服饰的画法、女子服饰的画法及婚嫁服饰的画法等。

7.1 常见类型

在中国古代的服饰发展中，秦汉时期的服饰历史深厚，对以后的服饰发展有着深远的影响，是一个非常重要的阶段，这个朝代服饰的常见类型有曲裾袍，直裾跑、道袍、袄裙、长袄等，下面针对不同的常见类型进行详细介绍。

7.1.1 曲裾袍

曲裾袍是汉服的一种常见款式，曲裾不仅男子可穿，也是汉朝女服中较为常见的服饰，其服饰特征续衽绕襟，即该类服饰的共同特征都是有一幅向后交掩的曲裾，有着别样的韵味。

7.1.2 直裾袍

直裾袍早在西汉即已出现，东汉以后逐渐普及，成为深衣的一种主要模式，直裾男女皆可穿着，是汉代衣冠体系中的一种大身裁剪方式，其前后大身部分方形平直。

7.1.3 道袍

道袍是指道教穿在外面的长袍，也因此而得名，其特征为直领，右衽大襟。

● 曲裾袍

● 直裾袍

● 道袍

7.1.4 袄裙

袄裙是古代女子常见的一种服装，其服饰特征为上身穿袄，下身穿裙，也是汉服的简洁礼服。

7.1.5 长袄

长袄是中国古代女子穿在上身的服饰,是一种比较长的上衣,其服饰特征为交领右衽,两边叉开。

● 袄裙

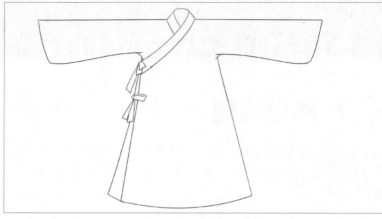

● 长袄

7.2 服饰特征

秦汉时期的服饰是中国服饰非常重要的一个阶段,主要承前朝影响,仍以袍为典型服装样式,而较为典型的服饰特征为交领右衽、上衣下裳、长袖宽衣等。下面针对不同的服饰特征进行详细介绍。

7.2.1 交领右衽

交领右衽是汉代服饰的典型特征之一。交领是指衣服的前襟左右相交;右衽是指左前襟掩向右腋系带,将右襟掩覆于内,是汉代服饰基本的特征。

7.2.2 上衣下裳

上衣下裳是汉代服饰的第一个服装款式,指的是上身穿衣,下身穿裙。

7.2.3 长袖宽衣

长袖宽衣是指上身穿着宽松的大衣,袖口翩翩。

● 交领右衽

● 上衣下裳

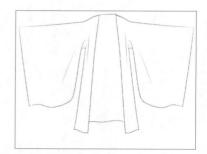

● 长袖宽衣

7.3 常见纹样

秦汉时期由于国家统一，服饰风格也趋于一致，有以圆形、云形等几何形状作为基础设计的纹样，也有以动物纹为基础设计的纹样，下面针对秦汉时期著名的云气纹、鸟纹、龙纹等纹样的表现进行讲解。

7.3.1 云气纹

| 云气纹的绘制技巧 |

首先新建"底色"图层，选择"硬边圆压力不透明度"画笔工具，绘制出云气纹中心部分的图形。接着新建"局部细节"图层组，根据云气纹的特征分图层绘制出外围部分花纹的具体造型，完成绘制。

7.3.2 鸟纹

| 鸟纹的绘制技巧 |

首先新建"底色"图层，选择"硬边圆压力不透明度"画笔工具，绘制出鸟纹躯干中心部分的图形。接着新建"局部细节"图层组，根据鸟纹的特征分图层绘制出外围翅膀部分花纹的具体造型，完成绘制。

7.3.3 龙纹

| 龙纹的绘制技巧 |

首先新建"底色"图层，选择"硬边圆压力不透明度"画笔工具，绘制出龙纹中心部分的图形。接着新建"局部细节"图层组，根据龙纹的特征分图层绘制出龙纹的躯干部分的具体造型，完成绘制。

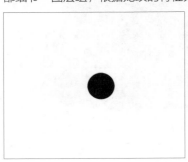  

7.4 男子服饰的画法

学习了秦汉时期服饰的基本特征和常见纹样的画法之后，接下来针对男子服饰的画法进行讲解，如冕冠服、曲裾长冠服、直裾常服等。

7.4.1 冕冠服

冕冠服是汉服中冕服里的冠式，也是中国古代重要的冠式，接下来针对秦汉时期冕冠服正反面及上身效果进行展示。

● 冕冠服正面效果

● 冕冠服反面效果

● 冕冠服上身效果

1 绘制要点

（1）注意把握好服饰纹理褶皱的穿插关系。

（2）无论是线稿还是上色都要遵循从局部入手依次深入刻画的原则。

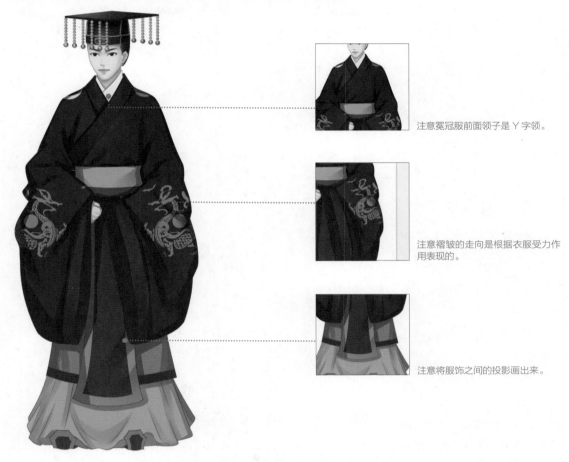

注意冕冠服前面领子是丫字领。

注意褶皱的走向是根据衣服受力作用表现的。

注意将服饰之间的投影画出来。

2 绘制步骤

Step 01 打开 Photoshop 软件，执行"文件"→"新建"命令，弹出"新建"对话框。新建"草稿"图层，选择"铅笔"画笔工具（ : ），选择色卡为"212121"（ ■ ）的颜色，勾勒出人物的大致轮廓。

Step 02 把"草稿"图层的透明度降低到 35% 左右，新建"线稿"图层，选择"硬边圆压力不透明度"画笔工具（ ● ）并把画笔的大小设置为 2 像素，用黑色"000000"（ ■ ）在草稿的基础上准确绘制出人物头部的线稿。

01

02

Step 03 绘制出人物上半身服饰的线条，如衣领、肩部、衣袖等。

Step 04 绘制出下半身剩余部分服饰的线条，然后关闭"草稿"图层的可见性，让线稿看得更加清晰。调整并完善局部细节的刻画，完成线稿的绘制。

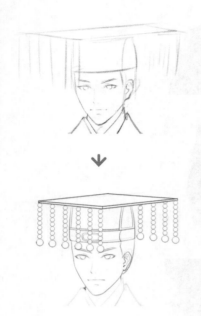

Step 05 新建"头部上色"图层组，选择"硬边圆压力不透明度"画笔工具（●），选择色卡为"f5ded8"（▨）、"030102"（■）、"171516"（■）的颜色绘制出头部皮肤、头发、眼睛的底色。

Step 06 新建"头部明暗关系"图层组，选择"晕染水墨"画笔工具（🖌），选择色卡为"c3948e"（■）的颜色分图层绘制出皮肤的明暗变化。

| 裙摆线稿的绘制技巧 |

| 头部的上色技巧 |

　　首先新建"线稿"图层，选择"硬边圆压力不透明度"画笔工具绘制出头面的线稿。接着新建"底色"图层，分图层绘制出皮肤、头发等各部分的底色。然后新建"晕染"图层，选择"柔边圆压力不透明度"画笔工具分别绘制出各部分的明暗层次变化，并刻画局部细节，完成绘制。

Step 07　新建"服饰上色"图层组，选择"硬边圆压力不透明度"画笔工具（●），选择色卡为"ea312c"（　）、"bd7600"（　）、"4f4140"（　）、"472120"（　）、"1f1f1f"（　）、"aba2a3"（　）、"fba828"（　）、"464646"（　）的颜色绘制出服饰的底色。

Step 08　新建"服饰细节"图层组，选择"晕染水墨"画笔工具（　），选择色卡为"bd7600"（　）、"e9342b"（　）、"feec5a"（　）的颜色分图层绘制出服饰的花纹。

07

08

Step 09 新建"服饰明暗关系"图层组,选择"硬边圆压力不透明度"画笔工具(●),选择色卡为"653f00"(■)、"0d0d0d"(■)的颜色绘制出服饰的暗部。

Step 10 选择色卡为"844609"(■)、"0e0e0e"(■)、"8c1b17"(■)、"666060"(■)、"332928"(■)、"200e0c"(■)的颜色分图层绘制出服饰剩余部分的阴影。最后调整并完善局部细节,完成绘制。

● 龙纹纹饰

百媚千红 古风CG插画绘制技法精解(服饰篇)

| 龙纹的绘制技巧 |

　　首先新建 "草稿"图层,选择"硬边圆压力不透明度"画笔工具准确绘制出冕冠服的草稿。接着新建"线稿"图层,在草稿的基础上,绘制出冕冠服的线稿,并关闭"草稿"图层的可见性。新建"上色"图层,绘制出冕冠服的底色和花纹。最后,新建"明暗变化"图层,画出冕冠服花纹的明暗变化,完成绘制。

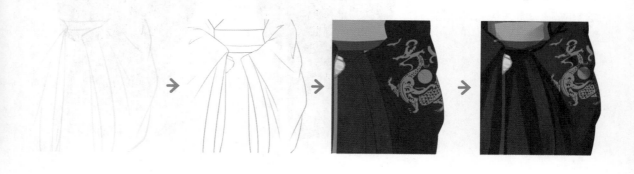

7.4.2　曲裾长冠服

曲裾是指服饰有一幅向后交掩的曲裾；长冠服是汉代夫子和执事百官在祭祀宗庙及各种小祀的穿着，接下来针对秦汉时期曲裾长冠服正反面及上身效果进行展示。

● 曲裾长冠服正面效果

● 曲裾长冠服反面效果

● 曲裾长冠服上身效果

1 绘制要点

（1）注意把握好服饰纹理褶皱的穿插关系。

（2）无论是线稿还是上色都要遵循从局部入手依次深入刻画的原则。

注意曲裾长冠服前面领子是丫字领。

注意褶皱的走向是根据衣服受力作用表现的。

注意服饰之间的投影要画出来。

2 绘制步骤

Step 01 打开 Photoshop 软件，执行"文件"→"新建"命令，弹出"新建"对话框。新建"草稿"图层，选择"铅笔"画笔工具（ ：），选择色卡为"212121"（■）的颜色，勾勒出人物的大致轮廓。

Step 02 把"草稿"图层的透明度降低到 35% 左右，新建"线稿"图层，选择"硬边圆压力不透明度"画笔工具（ ● ）并把画笔的大小设置为 2 像素，用黑色"000000"（■）在草稿的基础上准确绘制出人物头部的线稿。

Step 03 绘制出人物上半身服饰的线条，如衣领、肩部、衣袖等。

Step 04 绘制出下半身剩余部分服饰的线条，然后关闭"草稿"图层的可见性，让线稿看得更加清晰。调整并完善局部细节的刻画，完成线稿的绘制。

Step 05 新建"头部上色"图层组，选择"硬边圆压力不透明度"画笔工具（●），选择色卡为"a0ffdd"（▨）、"f4eae1"（▨）、"000000"（■）、"1c1815"（■）的颜色绘制出头部皮肤、头发、眼睛和头饰的底色。

Step 06 新建"头部明暗关系"图层组，选择"晕染水墨"画笔工具（🖌），选择色卡为"c09c8e"（▨）的颜色分图层绘制出皮肤的明暗变化。

| 头部的上色技巧 |

　　首先新建"线稿"图层，选择"硬边圆压力不透明度"画笔工具绘制出头面的线稿。接着新建"底色"图层，分图层绘制出皮肤、头发等各部分的底色。然后新建"晕染"图层，选择"柔边圆压力不透明度"画笔工具分别绘制出各部分的明暗层次变化，并刻画局部细节，完成绘制。

Step 07 新建"服饰上色"图层组，选择"硬边圆压力不透明度"画笔工具（●），选择色卡为"010100"（■）、"003595"（■）、"f6f6f4"（□）、"b2bca4"（■）、"44473e"（■）、"7d8079"（■）、"55201c"（■）的颜色绘制出服饰的底色。

Step 08 新建"服饰明暗关系"图层组，选择"晕染水墨"画笔工具（✎），选择色卡为"1a0b06"（■）、"2d3526"（■）、"dadbd6"（□）、"838d75"（■）、"5d6858"（■）的颜色分图层绘制出服饰的暗部。最后调整并完善局部细节，完成绘制。

| 褶皱的绘制技巧 |

　　首先新建 "草稿"图层，选择"硬边圆压力不透明度"画笔工具准确绘制出曲裾长冠服褶皱的草稿。接着新建"线稿"图层，在草稿的基础上，绘制出曲裾长冠服褶皱的线稿，并关闭"草稿"图层的可见性。新建"上色"图层，绘制出曲裾长冠服的底色。最后，新建"明暗变化"图层，画出曲裾长冠服的褶皱，绘制褶皱的时候注意根据受力作用表现，完成绘制。

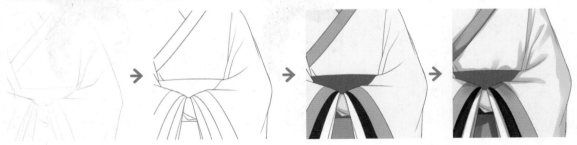

7.4.3 直裾常服

汉代的直裾常服，男女皆可穿着，是一种前后大身部分方形平直的款式，接下来针对秦汉时期直裾常服正反面及上身效果进行展示。

● 直裾常服正面效果

● 直裾常服反面效果

● 直裾常服上身效果

1 **绘制要点**

（1）注意把握好服饰纹理褶皱的穿插关系。

（2）无论是线稿还是上色都要遵循从局部入手依次深入刻画的原则。

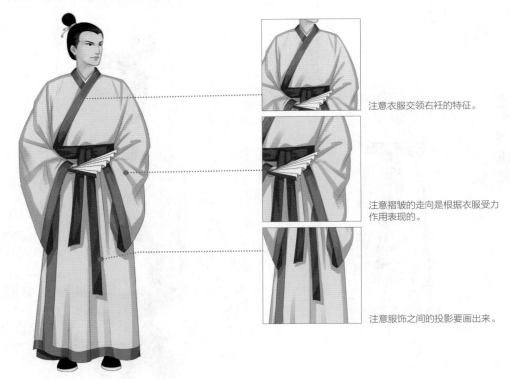

注意衣服交领右衽的特征。

注意褶皱的走向是根据衣服受力作用表现的。

注意服饰之间的投影要画出来。

2 **绘制步骤**

Step 01 打开 Photoshop 软件，执行"文件"→"新建"命令，弹出"新建"对话框。新建"草稿"图层，选择"铅笔"画笔工具（：），选择色卡为"212121"（■）的颜色，勾勒出人物的大致轮廓。

Step 02 把"草稿"图层的透明度降低到 35% 左右，新建"线稿"图层，选择"硬边圆压力不透明度"画笔工具（●）并把画笔的大小设置为 2 像素，用黑色"000000"（■）在草稿的基础上准确绘制出人物头部的线稿。

Step 03 绘制出人物上半身服饰的线条，如衣领、肩部、衣袖等。

01

02

03

百媚千红 古风CG插画绘制技法精解（服饰篇）

Step 04 绘制出下半身剩余部分服饰的线条，然后关闭"草稿"图层的可见性，让线稿看起来更加清晰。 调整并完善局部细节的刻画，完成线稿的绘制。

Step 05 新建"头部上色"图层组，选择"硬边圆压力不透明度"画笔工具（●），选择色卡为"eed9d4"（▨）、"c0c9d0"（▨）、"141414"（■）、"010101"（■）的颜色绘制出头部皮肤、头发、眼睛和头饰的底色。

Step 06 新建"头部明暗关系"图层组，选择"晕染水墨"画笔工具（🖌），选择色卡为"bf948d"（▨）、"40332d"（■）的颜色分图层绘制出皮肤和头发的明暗变化。

| 头部的上色技巧 |

首先新建"线稿"图层，选择"硬边圆压力不透明度"画笔工具绘制出头面的线稿。接着新建"底色"图层，分图层绘制出皮肤、头发等各部分的底色。然后新建"晕染"图层，选择"柔边圆压力不透明度"画笔工具分别绘制出各部分的明暗层次变化，并刻画局部细节，完成绘制。

 →  →

Step 07　新建"服饰上色"图层组，选择"硬边圆压力不透明度"画笔工具（●），选择色卡为"221914"（■）、"693d32"（■）、"e6e4d7"（▢）、"808476"（■）、"903f48"（■）的颜色绘制出服饰的底色。

Step 08　新建"服饰明暗关系"图层组，选择"晕染水墨"画笔工具（🖌），选择色卡为"beb5ac"（▢）、"424635"（■）、"571820"（■）的颜色分图层绘制出服饰的暗部。最后调整并完善局部细节，完成绘制。

| 腰带的绘制技巧 |

　　首先新建"草稿"图层，选择"硬边圆压力不透明度"画笔工具准确绘制出腰带的草稿。接着新建"线稿"图层，在草稿的基础上，绘制出腰带的线稿，并关闭"草稿"图层的可见性。最后新建"上色"图层，依次绘制出腰带的底色以及明暗变化，完成绘制。

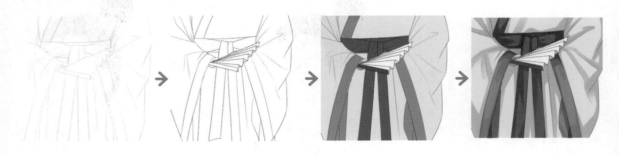

百媚千红　古风CG插画绘制技法精解（服饰篇）

7.5 女子服饰的画法

　　学习了秦汉时期男子服饰的画法之后，接下来针对女子服饰的画法进行讲解，如广袖流仙裙、曲裾蚕服、直裾常服等。

7.5.1 广袖流仙裙

　　广袖流仙裙是古代宫廷女子的一种服饰，式样华丽无比，接下来针对秦汉时期广袖流仙裙正反面及上身效果进行展示。

● 广袖流仙裙正面效果

● 广袖流仙裙反面效果

● 广袖流仙裙上身效果

1 绘制要点

（1）注意把握好服饰纹理褶皱的穿插关系。

（2）无论是线稿还是上色都要遵循从局部入手依次深入刻画的原则。

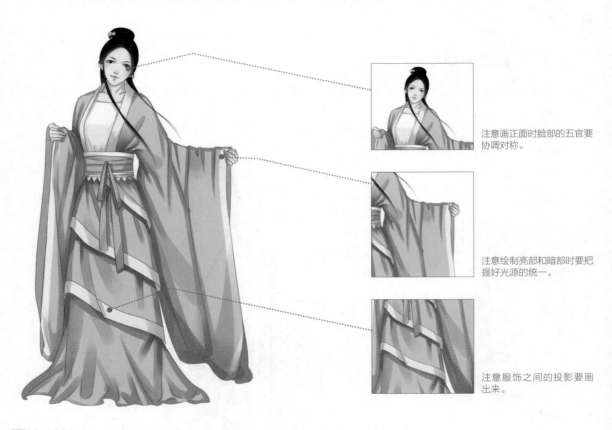

注意画正面时脸部的五官要协调对称。

注意绘制亮部和暗部时要把握好光源的统一。

注意服饰之间的投影要画出来。

2 绘制步骤

Step 01 打开 Photoshop 软件，执行"文件"→"新建"命令，弹出"新建"对话框。新建"草稿"图层，选择"铅笔"画笔工具（：），选择色卡为"212121"（■）的颜色，勾勒出人物的大致轮廓。

Step 02 把"草稿"图层的透明度降低到 35% 左右，新建"线稿"图层，选择"硬边圆压力不透明度"画笔工具（●）并把画笔的大小设置为 2 像素，用黑色"000000"（■）在草稿的基础上准确绘制出人物头部的线稿。

01

02

Step 03 绘制出人物上半身服饰的线条，如衣领、肩部、衣袖等。

Step 04 绘制出下半身剩余部分服饰的线条，然后关闭"草稿"图层的可见性，让线稿看起来更加清晰。 调整并完善局部细节的刻画，完成线稿的绘制。

Step 05 新建"头部上色"图层组，选择"硬边圆压力不透明度"画笔工具（●），选择色卡为"fdd54f"（■）、"f8e9e4"（■）、"120703"（■）、"000000"（■）的颜色绘制出头部皮肤、头发、 眼睛和头饰的底色。

Step 06 新建"头部明暗关系"图层组，选择"晕染水墨"画笔工具（🖌），选择色卡为"d9b6b0"（■）的颜色分图层绘制出皮肤的明暗变化。

Step 07 新建"服饰上色"图层组,选择"硬边圆压力不透明度"画笔工具(●),选择色卡为"ffe9ab"(▣)、"99d7ee"(▣)、"ffb0a9"(▣)、"d8f4ff"(▣)的颜色绘制出服饰的底色。

Step 08 新建"服饰明暗关系"图层组,选择"晕染水墨"画笔工具(✎),选择色卡为"ceb572"(▣)、"abd1de"(▣)、"d67971"(▣)、"5da7c2"(▣)的颜色分图层绘制出服饰的暗部。最后调整并完善局部细节,完成绘制。

| 手的绘制技巧 |

　　首先新建 "草稿"图层,选择"硬边圆压力不透明度"画笔工具准确绘制出手的草稿。接着新建"线稿"图层,在草稿的基础上,绘制出手的线稿,并关闭"草稿"图层的可见性,最后新建"上色"图层,依次绘制出手的底色及明暗变化,完成绘制。

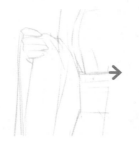 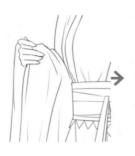 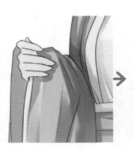 

7.5.2 曲裾蚕服

曲裾蚕服是古代皇后亲蚕礼时穿着的服饰，接下来针对秦汉时期曲裾蚕服正反面及上身效果进行展示。

● 曲裾蚕服正面效果

● 曲裾蚕服反面效果

● 曲裾蚕服上身效果

1 绘制要点

（1）注意把握好服饰纹理褶皱的穿插关系。

（2）无论是线稿还是上色都要遵循从局部入手依次深入刻画的原则。

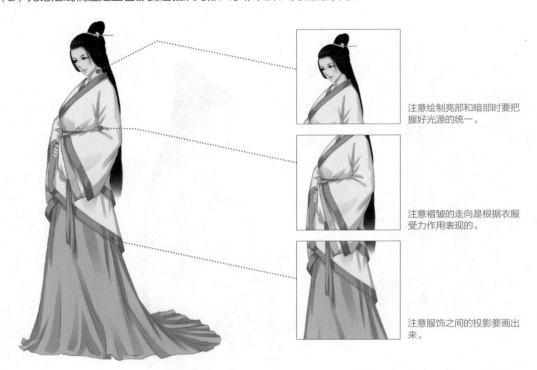

注意绘制亮部和暗部时要把握好光源的统一。

注意褶皱的走向是根据衣服受力作用表现的。

注意服饰之间的投影要画出来。

2 绘制步骤

Step 01 打开 Photoshop 软件，执行"文件"→"新建"命令，弹出"新建"对话框。新建"草稿"图层，选择"铅笔"画笔工具（：），选择色卡为"212121"（■）的颜色，勾勒出人物的大致轮廓。

Step 02 把"草稿"图层的透明度降低到 35% 左右，新建"线稿"图层，选择"硬边圆压力不透明度"画笔工具（●）并把画笔的大小设置为 2 像素，用黑色"000000"（■）在草稿的基础上准确绘制出人物头部的线稿。

01

02

Step 03　绘制出人物上半身服饰的线条，如衣领、肩部、衣袖等。

Step 04　绘制出下半身剩余部分服饰的线条，然后关闭"草稿"图层的可见性，让线稿看得更加清晰。 调整并完善局部细节的刻画，完成线稿的绘制。

Step 05　新建"头部上色"图层组，选择"硬边圆压力不透明度"画笔工具（●），选择色卡为"fe8072"（▮）、"fadd99"（▮）、"f3e5dc"（▮）、"130908"（▮）的颜色绘制出头部皮肤、头发和头饰的底色。

Step 06　新建"头部明暗关系"图层组，选择"晕染水墨"画笔工具（🖌），选择色卡为"c9a199"（▮）、"3a2824"（▮）、"0b0100"（▮）的颜色分图层绘制出眼睛的底色、皮肤和头发的明暗变化。

Step 07　新建"服饰上色"图层组，选择"硬 边圆压力不透明度"画笔工具（●），选择色卡为"f6cd7e"（▢）、"fff3dd"（▢）、"def2f3"（▢）、"de9d99"（▢）、"9cc5e3（▢）、"84b0b1"（▢）的颜色绘制出服饰的底色。

Step 08　新建"服饰明暗关系"图层组，选择"晕染水墨"画笔工具（🖌），选择色卡为"af955a"（▢）、"c3baa9"（▢）、"a1403a"（▢）、"aec8c9"（▢）、"5e8cae"（▢）、"4d7b7b"（▢）的颜色分图层绘制出服饰的暗部。最后调整并完善局部细节，完成绘制。

| 褶皱的绘制技巧 |

　　首先新建"草稿"图层，选择"硬边圆压力不透明度"画笔工具准确绘制出曲裾蚕服褶皱的草稿。接着新建"线稿"图层，在草稿的基础上，绘制出曲裾蚕服褶皱的线稿，并关闭"草稿"图层的可见性。新建"上色"图层，绘制出曲裾蚕服的底色。最后，新建"明暗变化"图层，画出曲裾蚕服的褶皱，绘制褶皱时注意根据受力作用表现，完成绘制。

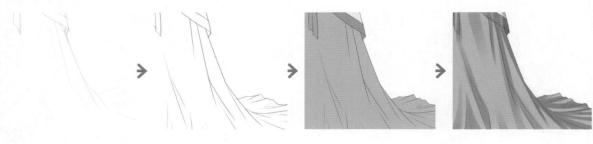

7.5.3 直裾常服

汉代的直裾常服，男女皆可穿着，是一种前后大身部分方形平直的款式，接下来针对秦汉时期直裾常服正反面及上身效果进行展示。

● 直裾常服正面效果

● 直裾常服反面效果

● 直裾常服上身效果

（1）注意把握好服饰纹理褶皱的穿插关系。

（2）无论是线稿还是上色都要遵循从局部入手依次深入刻画的原则。

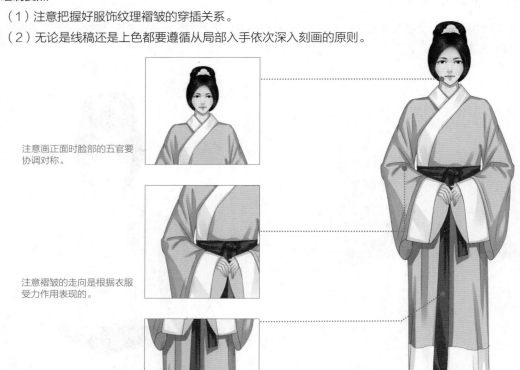

注意画正面时脸部的五官要协调对称。

注意褶皱的走向是根据衣服受力作用表现的。

注意服饰之间的投影要画出来。

2 绘制步骤

Step 01 打 开 Photoshop 软 件，执行"文件"→"新建"命令，弹出"新建"对话框。新建"草稿"图层，选择"铅笔"画笔工具（：），选 择色卡为"212121"（■）的颜色，勾勒出人物的大致轮廓。

Step 02 把"草稿"图层的透明度降低到 35% 左右，新建"线稿"图层，选择"硬边圆压力不透明度"画笔工具（●）并把画笔的大小设置为 2 像素，用黑色"000000"（■）在草稿的基础上准确绘制出人物头部的线稿。

01

02

Step 03 绘制出人物上半身服饰的线条，如衣领、肩部、衣袖等。

Step 04 绘制出下半身剩余部分服饰的线条，然后关闭"草稿"图层的可见性，让线稿看得更加清晰。调整并完善局部细节的刻画，完成线稿的绘制。

Step 05 新建"头部上色"图层组，选择"硬 边圆压力不透明度"画笔工具（●），选择 色卡为"2e1c1a"（■）、"0a0102"（■）、"ccf4ec"（■）、"f5e2db"（■）的颜色绘制出头部皮肤、头发、眼睛和头饰的底色。

Step 06 新建"头部明暗关系"图层组，选 择"晕染水墨"画笔工具（🖌），选择色卡为"cba097"（■）、"653d3b"（■）的颜色分图层绘制出皮肤和头发的明暗变化。

Step 07 新建"服饰上色"图层组，选择"硬边圆压力不透明度"画笔工具（●），选择色卡为"fffefa"（▢）、"e8c4d2"（▨）、"8f515e"（■）的颜色绘制出服饰的底色。

Step 08 新建"服饰明暗关系"图层组，选择"晕染水墨"画笔工具（🖌），选择色卡为"b2909e"（▨）、"e7e4dd"（▨）、"622834"（■）的颜色分图层绘制出服饰的暗部。最后调整并完善局部细节，完成绘制。

| 手的绘制技巧 |

　　首先新建 "草稿"图层，选择"硬边圆压力不透明度"画笔工具准确绘制出手的草稿。接着新建"线稿"图层，在草稿的基础上，绘制出手的线稿，并关闭"草稿"图层的可见性。最后新建"上色"图层，依次绘制出手的底色以及明暗变化，完成绘制。

7.6 婚嫁服饰的画法

学习了秦汉时期女子服饰的画法之后，接下来针对秦汉时期婚嫁服饰的画法进行讲解。

I 绘制要点

（1）注意把握好服饰纹理褶皱的穿插关系。

（2）无论是线稿还是上色都要遵循从局部入手依次深入刻画的原则。

注意画正面时脸部的五官要协调对称。

注意把握好花纹的外形特征。

注意服饰之间的投影要画出来。

Step 01 打开 Photoshop 软件，执行"文件"→"新建"命令，弹出"新建"对话框。新建"草稿"图层，选择"铅笔"画笔工具（ː），选择色卡为"212121"（■）的颜色，勾勒出人物的大致轮廓。

Step 02 把"草稿"图层的透明度降低到 35% 左右，新建"线稿"图层，选择"硬边圆压力不透明度"画笔工具（●）并把画笔的大小设置为 2 像素，用黑色"000000"（■）在草稿的基础上准确绘制出人物头部的线稿。

Step 03 绘制出人物上半身服饰的线条，如衣领、肩部、衣袖等。

Step 04 绘制出下半身剩余部分服饰的线条，然后关闭"草稿"图层的可见性，让线稿看得更加清晰。调整并完善局部细节的刻画，完成线稿的绘制。

Step 05 新建"头部上色"图层组，选择"硬边圆压力不透明度"画笔工具（●），选择色卡为"83f1e8"（■）、"a62f31"（■）、"f8e5de"（■）、"000000"（■）、"1e0e0f"（■）的颜色绘制出头部皮肤、头发、眼睛和头饰的底色。

Step 06 新建"头部明暗关系"图层组，选择"晕染水墨"画笔工具（🖌），选择色卡为"e3aea6"（■），"482523"（■）的颜色分图层绘制出皮肤和头发的明暗变化。

| 长裙线稿的绘制技巧 |

| 头部的上色技巧 |

　　首先新建"线稿"图层，选择"硬边圆压力不透明度"画笔工具绘制出头面的线稿。接着新建"底色"图层，分图层绘制出皮肤、头发等各部分的底色。然后新建"晕染"图层，选择"柔边圆压力不透明度"画笔工具分别绘制出各部分的明暗层次变化，并刻画局部细节，完成绘制。

Step 07　新建"服饰上色"图层组，选择"硬边圆压力不透明度"画笔工具（●），选择色卡为"941c0b"（■）、"f5e8b3"（■）、"fe5840"（■）、"382423"（■）、"82191d"（■）的颜色绘制出服饰的底色。

Step 08　选择色卡为"271312"（■）的颜色绘制出服饰的花纹，完成底色的绘制。

Step 09　新建"服饰明暗关系"图层组，选择"硬边圆压力不透明度"画笔工具（●），选择色卡为"520c00"（■）的颜色绘制出服饰下身的明暗变化。

选择色卡为"d1bf7d"（ ▬ ）、"25100f"（ ▬ ）、"872f21"（ ▬ ）的颜色分图层绘制出服饰剩余部分的明暗变化。最后调整并完善局部细节，完成绘制。

● 服饰局部　　　● 服饰花纹

| 手的绘制技巧 |

　　首先新建 "草稿"图层，选择"硬边圆压力不透明度"画笔工具准确绘制出手的草稿。接着新建"线稿"图层，在草稿的基础上，绘制出手的线稿，并关闭"草稿"图层的可见性，最后新建"上色"图层，依次绘制出手的底色以及明暗变化，完成绘制。

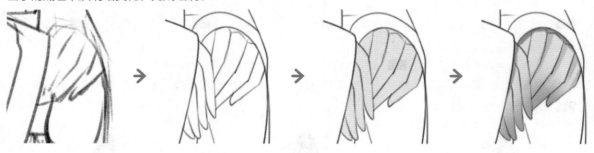

| 花纹的绘制技巧 |

　　首先新建 "草稿"图层，选择"硬边圆压力不透明度"画笔工具准确绘制出婚服的草稿。接着新建"线稿"图层，在草稿的基础上，绘制出婚服的线稿，并关闭"草稿"图层的可见性。新建"上色"图层，绘制出婚服的底色和花纹。最后，新建"明暗变化"图层，画出婚服花纹的明暗变化，完成绘制。

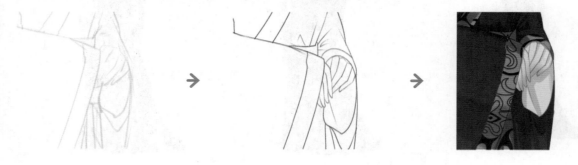

◎ **本章主要内容**

本章主要介绍魏晋南北朝服饰的服饰特征、常见纹样、男子服饰的画法、女子服饰的画法以及武士铠甲的画法等。

8.1 服饰特征

魏晋南北朝文化艺术的空前繁荣，服饰文化呈现出的是自由、开放、华贵等。而较为典型的服饰特征为宽衣博带、袒胸露臂、大袖翩翩等。下面针对不同的服饰特征进行详细介绍。

8.1.1 宽衣博带

宽衣博带即"宽袍阔带"，穿着宽袍，系着阔带，此种服饰风度是魏晋南北朝时期服饰的代表之一，在王公贵族甚至平民百姓之间都大受欢迎，是当时的主流，也是中国服饰文化一道亮丽的风景线。

8.1.2 袒胸露臂

除了着宽袍、系阔带很流行之外，魏晋南北朝时期的男子还喜欢穿衣袒胸露臂，追求一种轻松自如的感觉。

8.1.3 大袖翩翩

魏晋南北朝时期的男子在服饰上除了袒胸露臂外，一般都喜欢宽衫大袖，即穿着宽松的衫子，摆动着长长的袖口，大袖翩翩已成为当时各阶层男子的爱好。

8.1.4 笼冠

魏晋南北朝盛行笼冠是古代汉族流行的服饰之一，笼冠外形上呈笼状，是用鹿皮或者细纱制成的，做好后涂上油漆，再套上赤帻。

8.1.5 幅巾

幅巾用葛布制成，指用一块巾裹在头部，并将巾系紧，使其余幅自然下垂，短则垂至肩，长则垂至背。

8.1.6 纶巾

纶巾，古代用青色丝带做的头巾，是魏晋南北朝服饰的一种。

8.1.7 帔

帔即"对襟长袍"，是古代一种披在肩上的服饰，样式上很像现代的披风，一般男子的帔比女子的帔稍长一点。

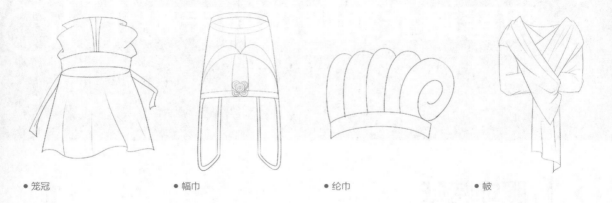

• 笼冠　　　　　　　• 幅巾　　　　　　　• 纶巾　　　　　　　• 帔

8.1.8　对襟

　　对襟是古代上衣的一种，对襟有对襟罩衣和对襟上衣两种样式，对襟罩衣分为半臂、鹤氅、披衫、褙子、比甲；对襟上衣分为对襟襦、对襟衫。

8.1.9　束腰

　　束腰是古代女子流行的穿着样式之一，指的是用束腰带束紧腰部，保持腰部的曲线。

• 对襟　　　　　　　　　　　　　　　　　　　　　　　　　　　• 束腰

8.2　常见纹样

　　魏晋南北朝时期流行的纹样一部分是继承了汉代的传统，一部分则是吸收了外来文化，造型上多对称，有利用圆形、菱形等几何形状作为基础设计的纹样，也有继承了传统的汉式动物纹的纹样，下面针对魏晋南北朝时期著名的圣树纹、天王化生纹、小几何纹、忍冬纹等纹样的表现进行讲解。

8.2.1　圣树纹

| 圣树纹的绘制技巧 |

　　首先新建"线稿"图层，选择"硬边圆压力不透明度"画笔工具准确绘制出圣树纹的线稿。接着新建"上色"图层组，分图层依次绘制出不同层次花纹的底色。然后再一步一步刻画细节，丰富花纹的层次感，完成绘制。

8.2.2 天王化生纹

| 天王化生纹的绘制技巧 |

　　首先新建"底色"图层，选择"硬边圆压力不透明度"画笔工具，绘制出莲花形状的图形。接着新建"局部细节"图层组，根据天王化生纹的特征分图层绘制出外围和中间部分花纹的具体造型，完成绘制。

8.2.3 小几何纹

| 小几何纹的绘制技巧 |

　　首先新建"线稿"图层，选择"硬边圆压力不透明度"画笔工具准确绘制出小几何纹的线稿。接着新建"上色"图层组，分图层依次绘制出不同层次花纹的底色。然后再一步一步刻画细节，丰富花纹的层次感，完成绘制。

8.2.4 忍冬纹

　　首先新建"草稿"图层，选择"硬边圆压力不透明度"画笔工具准确绘制出忍冬纹的草稿。接着新建"线稿"图层，在草稿的基础上，绘制出忍冬纹的细节，丰富花纹的层次感，完成绘制。

8.2.5 小朵花纹

| 小朵花纹的绘制技巧 |

　　新建"上色"图层，选择"硬边圆压力不透明度"画笔工具，绘制出小朵花纹中间的花朵纹样，接着继续绘制出外围的具体造型，完成绘制。

8.2.6 方格兽纹锦

| 方格兽纹锦的绘制技巧 |

　　首先新建"底色"图层，选择"硬边圆压力不透明度"画笔工具，绘制出方格兽纹锦的底色和外围方格的纹样。接着新建"局部细节"图层组，根据方格兽纹锦的特征分图层绘制出外围和中间部分花纹的具体造型，完成绘制。

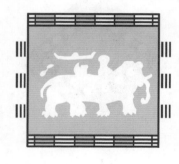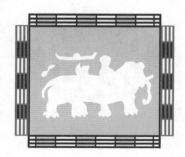

8.2.7 夔纹锦

| 夔纹锦的绘制技巧 |

首先新建"底色"图层,选择"硬边圆压力不透明度"画笔工具,用不同的颜色绘制出夔纹锦的底色,接着新建"线稿"图层,根据夔纹锦的底色,在外轮廓上勾出夔纹锦的线稿,完成绘制。

8.3 男子服饰的画法

学习了魏晋南北朝服饰的基本特征和常见纹样的画法之后,接下来针对男子服饰的画法进行讲解,如缚裤、大袖衫等。

8.3.1 缚裤

魏晋南北朝的男子的穿着特点一般为头戴笼冠,身穿宽衫大袖,下佩裤裙。接下来针对魏晋南北朝缚裤正反面及上身效果进行展示。

● 缚裤正面效果

● 缚裤反面效果

● 缚裤上身效果

（1）注意把握好服饰纹理褶皱的穿插关系。

（2）无论是线稿还是上色都要遵循从局部入手依次深入刻画的原则。

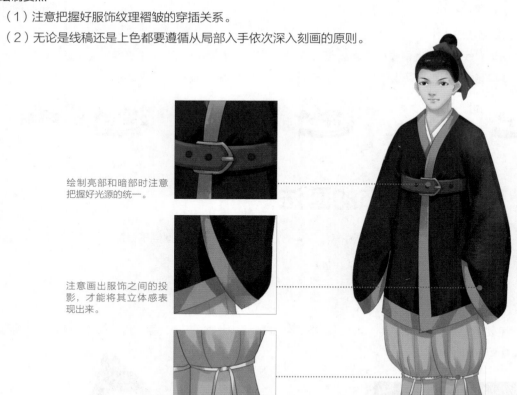

绘制亮部和暗部时注意把握好光源的统一。

注意画出服饰之间的投影，才能将其立体感表现出来。

绘制裤子上的绳索时注意根据腿部的透视画。

■ 绘制步骤

Step 01　打 开 Photoshop 软 件，执行"文件"→"新建"命令，弹出"新建"对话框。新建"草稿"图层，选择"铅笔"画笔工具（　），选择色卡为"212121"（■）的颜色，勾勒出人物的大致轮廓。

Step 02　把"草稿"图层的透明度降低到 35% 左右，新建"线稿"图层，选择"硬边圆压力不透明度"画笔工具（●）并把画笔的大小设置为 2 像素，用黑色"000000"（■）在草稿的基础上准确绘制出人物头部的线稿。

Step 03 绘制出人物上半身服饰的线条，如衣领、肩部、衣袖等。

Step 04 绘制出下半身剩余部分服饰的线条，然后关闭"草稿"图层的可见性，让线稿看起来更加清晰。调整并完善局部细节的刻画，完成线稿的绘制。

Step 05 新建"头部上色"图层组，选择"硬边圆压力不透明度"画笔工具（●），选择色卡为"f4ddd2"（▨）、"262626"（■）、"455069"（■）的颜色绘制出头部皮肤、头发、头饰的底色。

Step 06 新建"头部明暗关系"图层组，选择"晕染水 　　　 | 服饰线稿的绘制技巧 |
墨"画笔工具（🖌），选择色卡为"c29a89"
（▆）、"111111"（▆）、"25304c"（▆）、
"020202"（▆）的颜色分图层绘制出头部各部分
的明暗变化和眼睛的颜色。

● 关闭"草稿"图层前效果

● 关闭"草稿"图层后效果

Step 07 新建"服饰上色"图层组，选择"硬边圆压力不透明度"画笔工具（●），选择 色卡为"202125"（■）、"82ad82"（■）、"aebece"（■）、"5d7792"（■）、"f5efcd"（■）、"e48c33"（■）、"774431"（■）、"ffffff"（□）、"593f3c"（■）的颜色绘制出服饰的底色。

Step 08 新建"服饰明暗关系"图层组，选择"晕染水墨"画笔工具（✦），选择色 卡为"6b946a"（■）、"18191d"（■）、"778797"（■）、"415c79"（■）、"4d2212"（■）、"a8a8a8"（■）、"412e2c"（■）的颜色分图层绘制出服饰的暗部。最后调整并完善局部细节，完成绘制。

| 腰带的绘制技巧 |

首先新建 "草稿"图层，选择"硬边圆压力不透明度"画笔工具准确绘制出腰带的草稿。接着新建"线稿"图层，在草稿的基础上，绘制出腰带的线稿，并关闭"草稿"图层的可见性。最后新建"上色"图层，依次绘制出腰带的底色以及明暗变化，完成绘制。

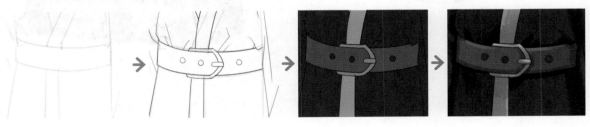

8.3.2 大袖衫

魏晋南北朝的男子一般都喜欢大袖翩翩，接下来针对魏晋南北朝大袖衫正反面及上身效果进行展示。

● 大袖衫正面效果

● 大袖衫反面效果

● 大袖衫上身效果

1 绘制要点

（1）注意把握好服饰纹理褶皱的穿插关系。

（2）无论是线稿还是上色都要遵循从局部入手依次深入刻画的原则。

注意大袖衫前面领子是 Y 字领。

绘制亮部和暗部时注意把握好光源的统一。

注意画出服饰之间的投影，才能将其立体感表现出来。

2 绘制步骤

Step 01　打开 Photoshop 软件，执行"文件"→"新建"命令，弹出"新建"对话框。新建"草稿"图层，选择"铅笔"画笔工具（：），选择色卡为"212121"（■）的颜色，勾勒出人物的大致轮廓。

Step 02　把"草稿"图层的透明度降低到 35% 左右，新建"线稿"图层，选择"硬边圆压力不透明度"画笔工具（●）并把画笔的大小设置为 2 像素，用黑色"000000"（■）在草稿的基础上准确绘制出人物头部的线稿。

 01

 02

Step 03　绘制出人物上半身服饰的线条，如衣领、肩部、衣袖等。

03

| 头部线稿的绘制技巧 |

Step 04　绘制出下半身剩余部分服饰的线条，然后关闭“草稿”图层的可见性，让线稿看起来更加清晰。调整并完善局部细节的刻画，完成线稿的绘制。

Step 05 新建“头部上色”图层组，选择“硬边圆压力不透明度”画笔工具（●），选择色卡为“edd4c5”（ ）、“2d241f”（ ）、“140b05”（ ）的颜色绘制出头部皮肤、头发、眼睛的底色。

Step 06 新建“头部明暗关系”图层组，选择“晕染水墨”画笔工具（ ），选择色卡为“c69685”（ ）的颜色分图层绘制出皮肤的明暗变化。

04

05

06

| 服饰线稿的绘制技巧 |

Step 07　新建"服饰上色"图层组，选择"硬边圆压力不透明度"画笔工具（●），选择色卡为"1f1f2b"（■）、"c4a876"（■）、"af0b0c"（■）、"bf6c4c"（■）、"311d16"（■）、"6b1f11"（■）、"6f5551"（■）、"92d7c8"（■）、"ffffff"（□）、"d4a76d"（■）的颜色绘制出服饰的底色。

Step 08　新建"服饰明暗关系"图层组，选择"晕染水墨"画笔工具（✎），选择色卡为"a5864d"（■）、"0e0d13"（■）、"250e06"（■）、"9c5036"（■）、"a29b98"（■）、"5cac9a"（■）、"926832"（■）、"4b2720"（■）的颜色分图层绘制出服饰的暗部。

Step 09　新建"服饰细节"图层组，选择"硬边圆压力不透明度"画笔工具（●），选择色卡为"437f77"（■）、"255147"（■）的颜色绘制出大袖衫的花纹及其阴影。

| 服饰阴影的绘制技巧 |

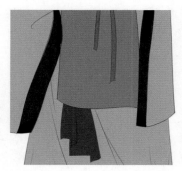

Step 10　选择色卡为"4b7c79"（）、"c7bba3"（ ）、"0f0b0c"（ ）的颜色分图层绘制出大袖衫的菱形花纹。最后调整并完善局部细节，完成绘制。

● 服饰纹样 1

● 服饰纹样 2

| 菱形花纹的绘制技巧 |

　　首先新建"草稿"图层，选择"硬边圆压力不透明度"画笔工具准确绘制出大袖衫的草稿。接着新建"线稿"图层，在草稿的基础上，绘制出大袖衫的线稿，并关闭"草稿"图层的可见性。新建"上色"图层，绘制出大袖衫的底色和花纹，绘制花纹时，可以先画好其中一个花纹，再使用套索工具，选中画好的花纹，再执行"编辑"→"拷贝"→"粘贴"，"编辑"→"自由变换"的操作，改变复制出来的花纹的位置，依次反复执行上面的操作，就可以很方便快捷地画好衣服上的花纹，同时按住快捷键"Ctrl+D"也可以快速取消选区，最后，新建"明暗变化"图层，画出大袖衫的明暗变化，完成绘制。

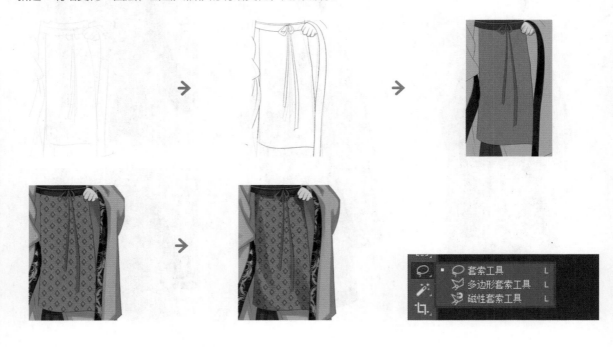

百媚千红　古风CG插画绘制技法精解（服饰篇）

8.4 女子服饰的画法

　　学习了魏晋南北朝时期男子服饰的画法之后，接下来针对女子服饰的画法进行讲解，如杂裾垂髾服、常服襦裙、大袖衫间色裙等。

8.4.1 杂裾垂髾服

　　魏晋南北朝的女子服饰有衫、襦、裙、裤等种类，接下来针对魏晋南北朝杂裾垂髾服正反面及上身效果进行展示。

● 杂裾垂髾服正面效果

● 杂裾垂髾服反面效果

● 杂裾垂髾服上身效果

1 **绘制要点**

（1）注意把握好服饰纹理褶皱的穿插关系。

（2）无论是线稿还是上色都要遵循从局部入手依次深入刻画的原则。

注意褶皱的走向是根据衣服受力作用表现的。

注意画出衣服的阴影表现出身体的厚度。

注意将服饰之间的投影画出来。

2 **绘制步骤**

Step 01 打开 Photoshop 软件，执行"文件"→"新建"命令，弹出"新建"对话框。新建"草稿"图层，选择"铅笔"画笔工具（：），选择色卡为"212121"（■）的颜色，勾勒出人物的大致轮廓。

Step 02 把"草稿"图层的透明度降低到 35% 左右，新建"线稿"图层，选择"硬边圆压力不透明度"画笔工具（●）并把画笔的大小设置为 2 像素，用黑色"000000"（■）在草稿的基础上准确绘制出人物头部的线稿。

01

02

Step 03 绘制出人物上半身服饰的线条，如衣领、肩部、衣袖等。

Step 04 绘制出下半身剩余部分服饰的线条，然后关闭"草稿"图层的可见性，让线稿看起来更加清晰。调整并完善局部细节的刻画，完成线稿的绘制。

Step 05 新建"头部上色"图层组，选择"硬边圆压力不透明度"画笔工具（●），选择 色卡为"e7d3c7"（ ）、"40342c"（ ■ ）、"040404"（ ■ ）的颜色绘制出头部皮肤、头发、眼睛的底色。

Step 06 新建"头部明暗关系"图层组，选择"晕染水墨"画笔工具（ ），选择色卡为"cba093"（ ■ ）、"141414"（ ■ ）、"655c70"（ ■ ）、"3b2c45"（ ■ ）的颜色分图层绘制出皮肤、头发和头饰的明暗变化。

| 手的绘制技巧 |

　　首先新建 "草稿"图层，选择"硬边圆压力不透明度"画笔工具准确绘制出手的草稿。接着新建"线稿"图层，在草稿的基础上，绘制出手的线稿，并关闭"草稿"图层的可见性。最后新建"上色"图层，依次绘制出手的底色及明暗变化，完成绘制。

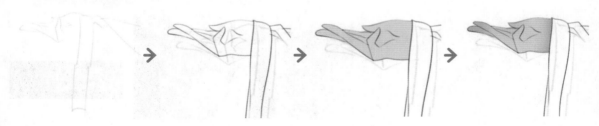

Step 07　新建"服饰上色"图层组，选择"硬边圆压力不透明度"画笔工具（●），选择色卡为"e8a178"（■）、"394343"（■）、"322524"（■）、"f14f45"（■）、"633523"（■）、"e7dedb"（■）、"994b36"（■）、"e5c3b6"（■）、"f8d798"（■）、"945031"（■）、"b36644"（■）的颜色绘制出服饰的底色。

Step 08　新建"服饰明暗关系"图层组，选择"晕染水墨"画笔工具（✎），选择色卡为"243132"（■）、"0d0b0b"（■）、"c22a21"（■）、"461f10"（■）、"adaaa9"（■）、"6a2c1c"（■）、"c59f90"（■）、"d66d53"（■）的颜色分图层绘制出服饰的暗部。最后调整并完善局部细节，完成绘制。

| 花纹的绘制技巧 |

　　首先新建 "草稿"图层，选择"硬边圆压力不透明度"画笔工具准确绘制出杂裾垂髾服的草稿。接着新建"线稿"图层，在草稿的基础上，绘制出杂裾垂髾服的线稿，并关闭"草稿"图层的可见性。新建"上色"图层，绘制出杂裾垂髾服的底色和花纹，绘制花纹时，可以先画好其中一个花纹，再使用套索工具，选中画好的花纹，再执行"编辑"→"拷贝"→"粘贴"，"编辑"→"自由变换"的操作，改变复制出来的花纹的位置，依次反复执行上面的操作，就可以很方便快捷地画好衣服上的花纹，同时按住快捷键"Ctrl+D"也可以快速取消选区。最后，新建"明暗变化"图层，画出杂裾垂髾服的明暗变化，完成绘制。

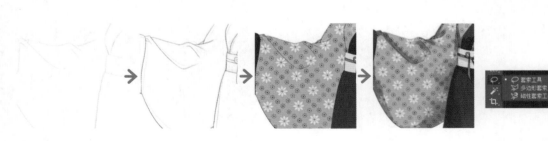

8.4.2 常服襦裙

　　襦裙兴起于魏晋南北朝，其穿着特点一般为上半身穿短衣，下半身穿裙子，接下来针对魏晋南北朝常服襦裙正反面及上身效果进行展示。

● 常服襦裙正面效果

● 常服襦裙反面效果

● 常服襦裙上身效果

I 绘制要点

（1）注意把握好服饰纹理褶皱的穿插关系。

（2）无论是线稿还是上色都要遵循从局部入手依次深入刻画的规律的原则。

注意画正面时脸部五官要协调对称。

注意褶皱的走向是根据衣服受力作用表现的。

注意服饰之间的投影要画出来。

百媚千红 古风CG插画绘制技法精解（服饰篇）

2 **绘制步骤**

Step 01 打开 Photoshop 软件，执行"文件"→"新建"命令，弹出"新建"对话框。新建"草稿"图层，选择"铅笔"画笔工具（ ╎），选择色卡为"212121"（■）的颜色，勾勒出人物的大致轮廓。

Step 02 把"草稿"图层的透明度降低到 35% 左右，新建"线稿"图层，选择"硬边圆压力不透明度"画笔工具（●）并把画笔的大小设置为 2 像素，用黑色"000000"（■）在草稿的基础上准确绘制出人物头部的线稿。

Step 03 绘制出人物上半身服饰的线条，如衣领、肩部、衣袖等。

01

02

03

| 头部线稿的绘制技巧 |

Step 04 绘制出下半身剩余部分服饰的线条，然后关闭"草稿"图层的可见性，让线稿看起来更加清晰。调整并完善局部细节的刻画，完成线稿的绘制。

Step 05 新建"头部上色"图层组，选择"硬边圆压力不透明度"画笔工具（●），选择 色卡为"e0cec5"（▢）、"060404"（■）、"362e2a"（■）、"e47c83"（▢）的颜色绘制出头部皮肤、头发、眼睛和头饰的底色。

Step 06 新建"头部明暗关系"图层组，选择"晕染水墨"画笔工具（🖌），选择色卡为"dbb1a4"（▢）的颜色分图层绘制出皮肤的明暗变化。

04 05 06

| 头部的上色技巧 |

　　首先新建"线稿"图层，选择"硬边圆压力不透明度"画笔工具绘制出头面的线稿。接着新建"底色"图层组，分图层绘制出各部分的底色。然后新建"晕染"图层组，选择"柔边圆压力不透明度"画笔工具绘制出各部分的明暗层次变化，完成绘制。

Step 07 新建"服饰上色"图层组，选择"硬边圆压力不透明度"画笔工具（●），选择 色卡为"e8d1cc"（▨▨）、"f8e5b5"（▨▨）、"e4704a"（▨▨）、"b6caa6"（▨▨）、"a7bf7f"（▨▨）、"f0dba1"（▨▨）、"a06a4f"（▨▨）、"d68b7b"（▨▨）、"fff2eb"（▨▨）的颜色绘制出服饰的底色。

Step 08 新建"服饰明暗关系"图层组，选择"晕染水墨"画笔工具（🖌），选择色卡为"c0532f"（▨▨）、"bfa7a2"（▨▨）、"899d79"（▨▨）、"8fa865"（▨▨）、"d3bd81"（▨▨）、"f6e7da"（▨▨）的颜色分图层绘制出服饰的暗部。最后调整并完善局部细节，完成绘制。

| 花纹的绘制技巧 |

　　首先新建 "草稿"图层，选择"硬边圆压力不透明度"画笔工具准确绘制出杂裾垂髾服的草稿。接着新建"线稿"图层，在草稿的基础上，绘制出杂裾垂髾服的线稿，并关闭"草稿"图层的可见性。新建"上色"图层，绘制出杂裾垂髾服的底色和花纹，绘制花纹时，可以先画好其中一个花纹，再使用套索工具，选中画好的花纹，再执行"编辑"→"拷贝"→"粘贴"，"编辑"→"自由变换"的操作，改变复制出来的花纹的位置，依次反复执行上面的操作，就可以很方便快捷地画好衣服上的花纹，同时按住快捷键"Ctrl+D"也可以快速取消选区。最后，新建"明暗变化"图层，画出杂裾垂髾服的明暗变化，完成绘制。

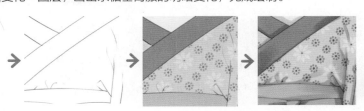

● 服饰纹样

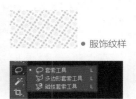

8.4.3 大袖衫间色裙

魏晋流行穿间色裙的条纹由粗变细，色彩丰富，接下来针对魏晋南北朝间色裙正反面及上身效果进行展示。

● 大袖衫间色裙正面效果

● 大袖衫间色裙反面效果

● 大袖衫间色裙上身效果

1 绘制要点

（1）注意把握好服饰纹理褶皱的穿插关系。

（2）无论是线稿还是上色都要遵循从局部入手依次深入刻画的原则。

注意服饰之间的投影要画出来。

注意绘制亮部和暗部时要把握好光源的统一。

注意褶皱的走向是根据衣服受力作用表现的。

2 绘制步骤

Step 01　打开 Photoshop 软件，执行"文件"→"新建"命令，弹出"新建"对话框。新建"草稿"图层，选择"铅笔"画笔工具（ ），选择色卡为"212121"（■）的颜色，勾勒出人物的大致轮廓。

Step 02　把"草稿"图层的透明度降低到 35% 左右，新建"线稿"图层，选择"硬边圆压力不透明度"画笔工具（●）并把画笔的大小设置为 2 像素，用黑色"000000"（■）在草稿的基础上准确绘制出人物头部的线稿。

Step 03 　绘制出人物上半身服饰的
线条，如衣领、肩部、衣袖等。

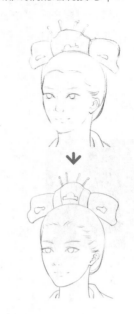

Step 04 　绘制出下半身剩余部分服饰的线条，然后关闭"草稿"图层的可见性，让线稿看起来更加清晰。 调整
并完善局部细节的刻画，完成线稿的绘制。

Step 05 　新建"头部上色"图层组，选择"硬边圆压力不透明度"画笔工具（●），选择色卡为 f5e4d1"
（■）、"deb369"（■）、 "cf934b"（■）、"34302e"（■）、"000000"（■）的颜色绘
制出头部皮肤、头发、眼睛和头饰的底色。

Step 06 　新建"头部明暗关系"图层组，选择"晕染水墨"画笔工具（✑），选择色卡为"d1b2a5"（■）
的颜色分图层绘制出皮肤的明暗变化。

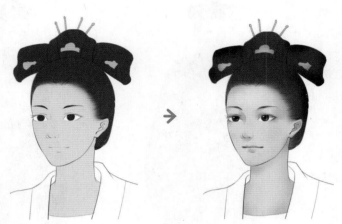

Step 07 新建"服饰上色"图层组，选择"硬边圆压力不透明度"画笔工具（●），选择色卡为"aad5ed"（ ▢ ）、"38697d"（ ▢ ）、"4e3b3a"（ ▢ ）、"e8a35f"（ ▢ ）、"ffffff"（ ▢ ）、"719854"（ ▢ ）、"bb3b25"（ ▢ ）的颜色绘制出服饰的底色。

Step 08 新建"服饰明暗关系"图层组，选择"晕染水墨"画笔工具（✏），选择色卡为"73a3bf"（ ▢ ）、"183c4a"（ ▢ ）、"30521d"（ ▢ ）、"9b5c2d"（ ▢ ）的颜色分图层绘制出服饰的暗部。

| 服饰阴影的绘制技巧 |

Step 09 新建"服饰细节"图层组，选择"硬边圆压力不透明度"画笔工具（●），选择 色卡为"0e0e0e"（■）、"e9e8e0"（□）、"93ccda"（■）、"a27574"（■）的颜色绘制出大袖衫间色裙的花纹。

Step 10 选 择 色 卡 为 "2d2221"（■）的颜色分图层绘制出剩余部分的阴影。最后调整并完善局部细节，完成绘制。

| 花纹的绘制技巧 |

　　首先新建"草稿"图层，选择"硬边圆压力不透明度"画笔工具准确绘制出杂裾垂髾服的草稿。接着新建"线稿"图层，在草稿的基础上，绘制出杂裾垂髾服的线稿，并关闭"草稿"图层的可见性。新建"上色"图层，绘制出杂裾垂髾服的底色和花纹，绘制花纹时，可以先画好其中一个花纹，再使用套索工具，选中画好的花纹，再执行"编辑"→"拷贝"→"粘贴"，"编辑"→"自由变换"的操作，改变复制出来的花纹的位置，依次反复执行上面的操作，就可以很方便快捷地画好衣服上的花纹，同时按住快捷键"Ctrl+D"也可以快速取消选区。最后，新建"明暗变化"图层，画出杂裾垂髾服的明暗变化，完成绘制。

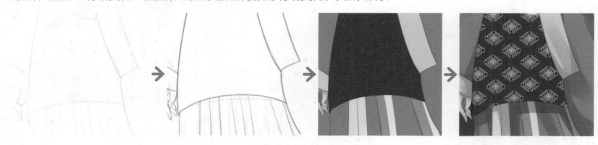

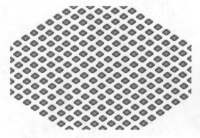

● 服饰纹样

8.4.4 宽袖对襟衫

衫裙是魏晋女子的常服，宽袖长裙是其穿着特点。接下来针对魏晋南北朝襟衫长裙正反面及上身效果进行展示。

● 宽袖对襟衫正面效果

● 宽袖对襟衫反面效果

● 宽袖对襟衫上身效果

1 绘制要点

（1）注意把握好服饰纹理褶皱的穿插关系。

（2）无论是线稿还是上色都要遵循从局部入手依次深入刻画的原则。

注意绘制亮部和暗部时要把握好光源的统一。

注意褶皱的走向是根据衣服受力作用表现的。

注意服饰之间的投影要画出来。

2 绘制步骤

Step 01 打开 Photoshop 软件，执行"文件"→"新建"命令，弹出"新建"对话框。新建"草稿"图层，选择"铅笔"画笔工具（ ：），选择色卡为"212121"（■）的颜色，勾勒出人物的大致轮廓。

01

Step 02 把"草稿"图层的透明度降低到 35% 左 右，新建"线稿"图层，选择"硬边圆压力不透明度"画笔工具（●）并把画笔的大小设置为 2 像素，用黑色"000000"（■）在草稿的基础上准确绘制出人物头部的线稿。

Step 03 绘制出人物上半身服饰的线条，如衣领、肩部、衣袖等。

Step 04 绘制出下半身剩余部分服饰的线条，然后关闭"草稿"图层的可见性，让线稿更加清晰。调整并完善局部细节的刻画，完成线稿的绘制。

Step 05 新建"头部上色"图层组，选择"硬边圆压力不透明度"画笔工具（●），选择色卡为"303030"（■）、"f3ded3"（▨）的颜色绘制出头部皮肤、头发、眼睛的底色。

Step 06 新建"头部明暗关系"图层组，选 择"晕染水墨"画笔工具（🖌），选择色卡为"d4aa9f"（▨）、"655c70"（■）、"3b2c45"（■）的颜色分图层绘制出皮肤和头饰的明暗变化。

Step 07　新建"服饰上色"图层组，选择"硬边圆压力不透明度"画笔工具（●），选择 色卡为"e15b43"
（█）、"e0eced"（▒）、"6e9386"（█）、"80453e"（█）、"fce7a9"（░）、"be7d6a"
（█）的颜色绘制出服饰的底色。

Step 08　新建"服饰明暗关系"图层组，选择"晕染水墨"画笔工具（🖌），选择色 卡为"542a29"（█）、
"aeb5b5"（▒）、"54746a"（█）、"b59367"（░）、"9f2f1b"（█）的颜色分图层绘制出
服饰的暗部。最后调整并完善局部细节，完成绘制。

| 腰带的绘制技巧 |

　　首先新建 "草稿"图层，选择"硬边圆压力不透明度"画笔工具准确绘制出襦衫长裙腰带的草稿。接着新
建"线稿"图层，在草稿的基础上，绘制出腰带的线稿，并关闭"草稿"图层的可见性。新建"上色"图层，
绘制出腰带的底色和花纹，绘制花纹时，可以先画好其中一个花纹，再使用套索工具，选中画好的花纹，再执
行"编辑"→"拷贝"→"粘贴"，"编辑"→"自由变换"的操作，改变复制出来的花纹的位置，依次反复
执行上面的操作，就可以很方便快捷地画好衣服上的花纹，同时按住快捷键"Ctrl+D"也可以快速取消选区。
最后，新建"明暗变化"图层，画出腰带的明暗变化，完成绘制。

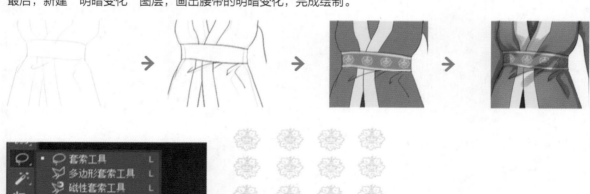

● 服饰纹样

8.5 武士铠甲的画法

学习了魏晋南北朝时期女子服饰的画法之后，接下来针对武士铠甲的画法进行讲解，如筒袖铠、裲裆铠等。

8.5.1 筒袖铠

武士铠甲具有防护身体的作用，接下来针对魏晋南北朝筒袖铠正反面及上身效果进行展示。

● 筒袖铠正面效果

● 筒袖铠反面效果

● 筒袖铠上身效果

1 绘制要点

（1）注意把握好服饰纹理褶皱的穿插关系。

（2）无论是线稿还是上色都要遵循从局部入手依次深入刻画的原则。

注意画正面时脸部的五官要协调对称。

注意画出铠甲上的高光，表现出其光滑的质感。

注意画出裤子的暗部表现出厚度。

2 绘制步骤

Step 01 打开 Photoshop 软件，执行"文件"→"新建"命令，弹出"新建"对话框。新建"草稿"图层，选择"铅笔"画笔工具（ ），选择色卡为"212121"（■）的颜色，勾勒出人物的大致轮廓。

Step 02 把"草稿"图层的透明度降低到 35% 左右，新建"线稿"图层，选择"硬边圆压力不透明度"画笔工具（●）并把画笔的大小设置为 2 像素，用黑色"000000"（■）在草稿的基础上准确绘制出人物头部的线稿。

01

02

Step 03 绘制出人物上半身服饰的线条，如衣领、肩部、衣袖等。

Step 04 绘制出下半身剩余部分服饰的线条，然后关闭"草稿"图层的可见性，让线稿看起来更加清晰。调整并完善局部细节的刻画，完成线稿的绘制。

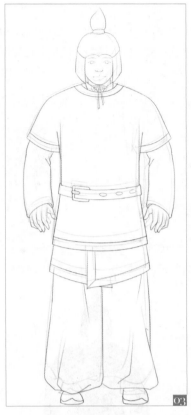

Step 05 新建"头部上色"图层组，选择"硬边圆压力不透明度"画笔工具（●），选择色卡为"222222"（■）、"e0c4bc"（▨）的颜色绘制出头部皮肤，眼睛的底色。

Step 06 新建"头部明暗关系"图层组，选择"晕染水墨"画笔工具（✎），选择色卡为"b58982"（▨）的颜色分图层绘制出皮肤的明暗变化。

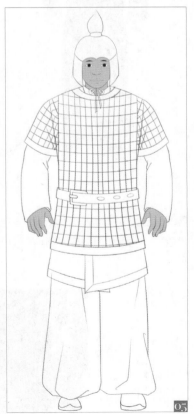

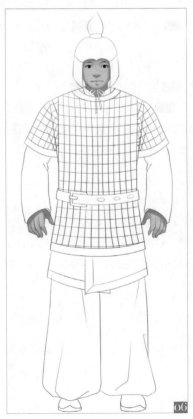

首先新建 "草稿" 图层，选择 "硬边圆压力不透明度" 画笔工具准确绘制出手的草稿。接着新建 "线稿" 图层，在草稿的基础上，绘制出手的线稿，并关闭 "草稿" 图层的可见性，最后新建 "上色" 图层，依次绘制出手的底色以及明暗变化，完成绘制。

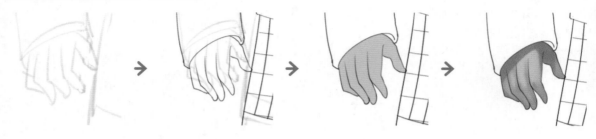

Step 07 新建 "服饰上色" 图层组，选择 "硬边圆压力不透明度" 画笔工具 (●)，选择色卡为 "2d2a29" (■)、"8b6062" (■)、"863831" (■)、"d7d7d7" (▨)、"4f4f4f" (■)、"7a7a7a" (■)、"976e63" (■)、"5d3634" (■)、"503e3c" (■)、"8d8f7d" (■)、"242424" (■)、 "674c44" (■) 的颜色绘制出服饰的底色。

Step 08 新建 "服饰明暗关系" 图层组，选 择 "晕染水墨" 画笔工具 (✎)，选择色卡为 "1b1b1b" (■)、"512925" (■)、"dddddd" (▨)、 "847a79" (■)、 "5c5f47" (■)、 "402523" (■)、"40291c" (■)、"231715" (■) 的颜色分图层绘制出服饰 的暗部。最后调整并完善局部细节，完成绘制。

07

08

首先新建 "草稿" 图层，选择 "硬边圆压力不透明度" 画笔工具准确绘制出铠甲的草稿。接着新建 "线稿" 图层，在草稿的基础上，绘制出铠甲的线稿，并关闭 "草稿" 图层的可见性，最后新建 "上色" 图层，依次绘制出铠甲的底色及明暗变化，完成绘制。

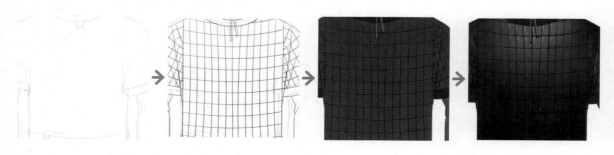

8.5.2 裲裆铠

裲裆铠是魏晋南北朝时期的铠甲，多采用金属和皮革制成，接下来针对魏晋南北朝裲裆铠正反面及上身效果进行展示。

● 裲裆铠正面效果

● 裲裆铠反面效果

● 裲裆铠上身效果

I 绘制要点

（1）注意把握好服饰纹理褶皱的穿插关系。

（2）无论是线稿还是上色都要遵循从局部入手依次深入刻画的原则。

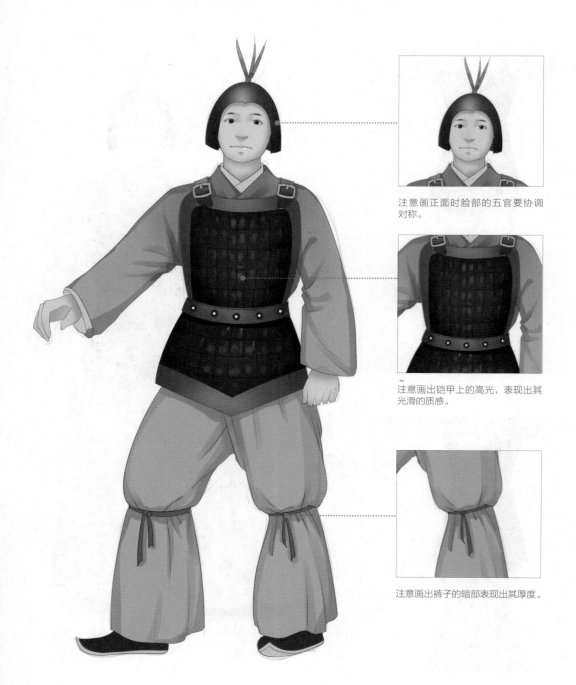

注意画正面时脸部的五官要协调对称。

注意画出铠甲上的高光，表现出其光滑的质感。

注意画出裤子的暗部表现出其厚度。

2 绘制步骤

Step 01 打开 Photoshop 软件，执行"文件"→"新建"命令，弹出"新建"对话框。新建"草稿"图层，选择"铅笔"画笔工具（ ⁝ ），选择色卡为"212121"（■）的颜色，勾勒出人物的大致轮廓。

Step 02 把"草稿"图层的透明度降低到 35% 左右，新建"线稿"图层，选择"硬边圆压力不透明度"画笔工具（ ● ）并把画笔的大小设置为 2 像素，用黑色"000000"（■）在草稿的基础上准确绘制出人物头部的线稿。

Step 03 绘制出人物上半身服饰的线条，如衣领、肩部、衣袖等。

Step 04 绘制出下半身剩余部分服饰的线条，然后关闭"草稿"图层的可见性，让线稿看起来更加清晰。调整并完善局部细节的刻画，完成线稿的绘制。

Step 05 新建"头部上色"图层组，选择"硬边圆压力不透明度"画笔工具（ ● ），选择色卡为"e8d1c4"（▨）、"251e1c"（■）的颜色绘制出头部皮肤、眼睛的底色。

Step 06 新建"头部明暗关系"图层组，选择"晕染水墨"画笔工具（ ▰ ），选择色卡为"c59a8e"（▨）的颜色分图层绘制出皮肤的明暗变化。

Step 07 新建"服饰上色"图层组，选择"硬边圆压力不透明度"画笔工具（●），选择 色卡为"bd382e"（■）、"e3cbad"（▨）、"c56655"（■）、"b3b3b3"（▨）、"df7f5d"（▨）、"29211f"（■）、"272727"（■）、"a98769"（■）、"bd382e"（■）、"c3afa7"（▨）、"303030"（■）、"723e28"（■）、"552d2b"（■）、"6d6d6d"（■）的颜色绘制出服饰的底色。

Step 08 新建"服饰明暗关系"图层组，选择"晕染水墨"画笔工具（🖌），选择色 卡为"5a4241"（■）、"8d8886"（■）、"87828b"（■）、"8d6d52"（■）、"1c1c1c"（■）、"482110"（■）、"3f1917"（■）的颜色分图层绘制出服饰的暗部。最后调整并完善局部细节，完成绘制。

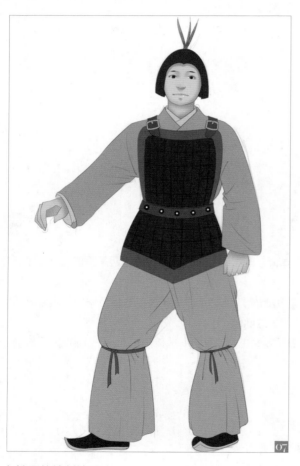

| 铠甲的绘制技巧 |

　　首先新建 "草稿"图层，选择"硬边圆压力不透明度"画笔工具准确绘制出铠甲的草稿。接着新建"线稿"图层，在草稿的基础上，绘制出铠甲的线稿，并关闭"草稿"图层的可见性，最后新建"上色"图层，依次绘制出铠甲的底色以及明暗变化，完成绘制。

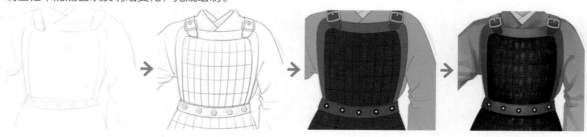

百媚千红 古风CG插画绘制技法精解（服饰篇）

隋唐服饰的表现 09

◎ **本章主要内容**

本章主要介绍隋唐服饰的服饰特征、常见纹饰、男子服饰的画法、女子服饰的画法以及舞女服饰的画法等。

9.1 服饰特征

隋唐文化艺术的空前繁荣，服饰文化呈现出的是自由、开放、华贵等。较为典型的服饰特征为幞头、圆领袍、衫等，下面对不同的服饰特征进行详细介绍。

9.1.1 幞头

初期的幞头是用布从后脑向前把发髻捆住，布巾的两个角在脑后打结且自然下垂，而另外两个角则回到头顶打结装饰而成。后来人们在布巾的角上加系带，把系带裁剪成圆、宽阔等不同的形状，配合铜丝、铁丝等为骨架放在系带中，就变成了可以做各种丰富造型的翘脚幞头。

9.1.2 圆领袍衫

圆领袍衫是在古代深衣的基础上发展来的，是唐代男子服饰的主要形式。圆领袍衫有宽袖和窄袖之分，宽袖能够表现潇洒、华贵的风度，而窄袖则活动更加方便。一般圆领袍衫的前后身采用直裾，领子、袖口、衣边等处都有贴边，腰部常常搭配革带，并且上戴幞头，下穿长靴，穿着十分讲究。

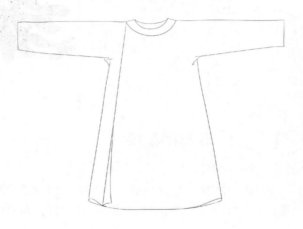

9.2 常见纹饰

隋唐时期流行的纹样造型饱满，色彩艳丽，主纹突出，构图多对称。图案设计趋向于自由、丰满的艺术风格，常对真实的花、草、鱼、虫等进行写生。下面针对隋唐时期著名的宝相花纹、缠枝纹、联珠团窠纹、散点式小花等纹饰的表现进行讲解。

9.2.1 宝相花纹

| 宝相花纹的绘制技巧 |

首先新建"线稿"图层，选择"硬边圆压力不透明度"画笔工具准确绘制出宝相花纹的线稿。接着新建"上色"图层组，分图层依次绘制出不同层次花纹的底色。然后再一步一步刻画细节，丰富花纹的层次感，完成绘制。

9.2.2 缠枝纹

| 缠枝纹的绘制技巧 |

首先新建"草稿"图层，选择"铅笔"画笔工具，勾勒出缠枝纹的大致轮廓。接着新建"正稿"图层，选择"硬边圆压力不透明度"画笔工具，在草稿的基础上准确绘制出缠枝纹主体部分的造型。然后在周围添加细碎的纹理，让整体画面看起来更加完整、统一，完成绘制。

9.2.3 联珠团窠纹

| 联珠团窠纹的绘制技巧 |

首先新建"底色"图层，选择"硬边圆压力不透明度"画笔工具，用不同的颜色绘制出两个大小恰当的同心圆。接着新建"局部细节"图层组，根据联珠团窠纹的特征分图层绘制出外围和中间部分花纹的具体造型，完成绘制。

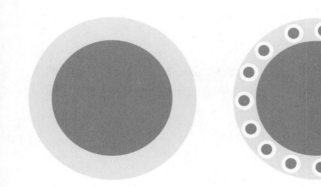
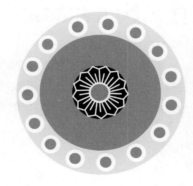

9.2.4 散点式小花

| 散点式小花的绘制技巧 |

　　首先选择"硬边圆压力不透明度"画笔工具，选择纯色在空白处绘制出一个小型梅花状的图形，并以此为参照。接着在参照物的左侧绘制出一朵对称的小簇花。然后把这两种花形在空白处作散点式排列，完成绘制。

9.2.5 穿枝花

| 穿枝花的绘制技巧 |

　　首先新建"草稿"图层，选择"铅笔"画笔工具，勾勒出穿枝花的大致轮廓。接着新建"线稿"图层，选择"硬边圆压力不透明度"画笔工具准确绘制出线稿，并关闭"草稿"图层的可见性。然后新建"底色"图层，绘制出整体花纹的底色。最后新建"晕染细化"图层，选择"柔边圆压力不透明度"画笔工具给局部造型添色，例如，动物、花、叶等，完成绘制。

9.2.6 鸟衔花草纹

| 鸟衔花草纹的绘制技巧 |

　　首先新建"草稿"图层，选择"铅笔"画笔工具，勾勒出鸟衔花草纹的大致轮廓。接着新建"线稿"图层，选择"硬边圆压力不透明度"画笔工具准确绘制出线稿，并关闭"草稿"图层的可见性。然后新建"上色"图层组，分图层依次绘制出鸟和花草纹饰的底色、细节等，完成绘制。

9.2.7 瑞锦纹

| 瑞锦纹的绘制技巧 |

　　首先选择"硬边圆压力不透明度"画笔工具，用直线绘制出一个大小恰当的十字架，并且在十字架的端点和中心画出大小不一的圆形。接着继续完善单个纹饰的造型，然后在空白处多拷贝几个同样的花纹，完善瑞锦纹的整体造型，完成绘制。

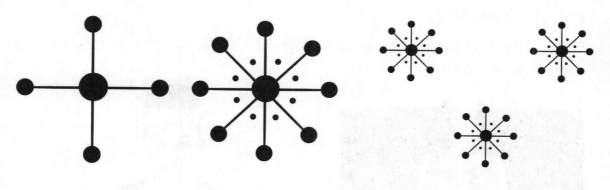

9.2.8 几何纹

| 几何纹的绘制技巧 |

　　首先新建"草稿"图层，选择"铅笔"画笔工具，勾勒出几何纹的大致轮廓。接着新建"线稿"图层，选择"硬边圆压力不透明度"画笔工具准确绘制出线稿，并关闭"草稿"图层的可见性。然后新建"上色"图层组，分图层依次绘制出菱形和小花的底色。最后刻画局部细节调整并完善整体画面，完成绘制。

9.3 男子服饰的画法

学习了隋唐服饰的基本特征和常见纹饰的画法之后，接下来针对男子服饰的画法进行讲解，如文官大袖礼服、常服袍衫等。

9.3.1 文官大袖礼服

隋唐礼服的穿着特点一般为头戴笼冠或介帻，身穿对襟大袖衫，下佩围裳。接下来针对隋唐男服文官大袖衫礼服正反面及上身效果进行展示。

● 文官大袖礼服正面效果

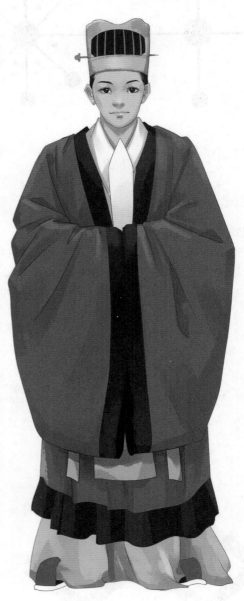

● 文官大袖礼服上身效果

● 文官大袖礼服反面效果

I 绘制要点

（1）注意把握好服饰纹理褶皱的穿插关系。

（2）无论是线稿还是上色都要遵循从局部入手依次深入刻画的原则。

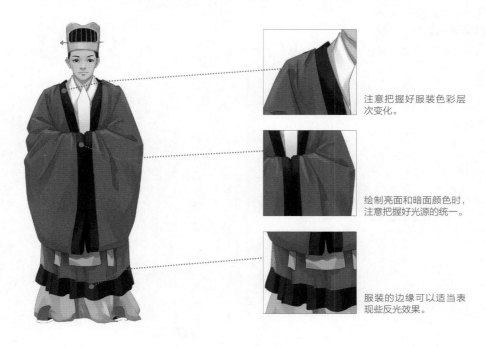

注意把握好服装色彩层次变化。

绘制亮面和暗面颜色时，注意把握好光源的统一。

服装的边缘可以适当表现些反光效果。

2 绘制步骤

Step 01　打 开 Photoshop 软 件，执行"文件"→"新建"命令，弹出"新建"对话框。新建"草稿"图层，选择"铅笔"画笔工具（），选 择 色 卡 为 "212121" （■）的颜色，勾勒出人物的大致轮廓。

Step 02　把"草稿"图层的透明度降低到 35% 左右，新建"线稿"图层，选择"硬边圆压力不透明度"画笔工具（●）并把画笔的大小设置为 2 像素，用黑色"000000"（■）在草稿的基础上准确绘制出人物头部的线稿。

01

02

Step 03 绘制出人物上半身服饰的线条，如衣领、肩部、衣袖等。

Step 04 绘制出下半身剩余部分服饰的线条，然后关闭"草稿"图层的可见性，让线稿更加清晰。调整并完善局部细节的刻画，完成线稿的绘制。

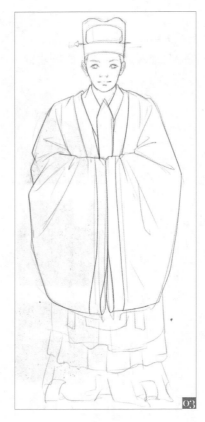

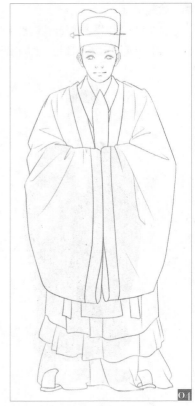

Step 05 新建"头面上色"图层组，选择"硬边圆压力不透明度"画笔工具（●），选择色卡为"eec7c0"（ ）、"cf8375"（ ）、"e0a59d"（ ）、"efe2dc"（ ）的颜色绘制出皮肤部分的底色、晕染、暗部以及高光部分。选择色卡为"211b1b"（ ）、"a43b38"（ ）、"7c7e7b"（ ）、"d46a6a"（ ）的颜色分图层绘制出头发、眉毛、眼睛以及嘴巴的颜色。

Step 06 新建"服装底色"图层组，选择"晕染水墨"画笔工具（ ），选择色卡为"d5331a"（ ）、"1d1918"（ ）、"a1babe"（ ）的颜色分图层绘制出服装各部分的底色。

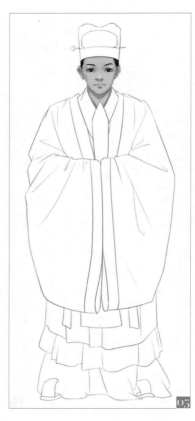

Step 07　新建"服装明暗关系"图层组，选择"晕染水墨"画笔工具（ 🖌 ），选择色卡为"b2260f"（ ■ ）、
"f44528"（ ■ ）、"473535"（ ■ ）、"5d6b6c"（ ■ ）、"d3dee0"（ ■ ）的颜色分图层绘制出
服装各部分的明暗变化。

Step 08　新建"鞋帽和腰饰上色"图层组，选择"晕染水墨"画笔工具（ 🖌 ），选择色卡为"fab625"（ ■ ）、
"b16203"（ ■ ）的颜色刻画腰饰的明暗变化。选择色卡为"d5331a"（ ■ ）、"edbf71"（ ■ ）、"c57923"
（ ■ ）、"1f1919"（ ■ ）的颜色分别绘制出鞋子、帽子的颜色。最后调整并完善局部细节的刻画，完成
绘制。

9.3.2 常服袍衫

常服袍衫是唐代官吏主要的常服服饰，它在颜色方面有一定的规定，需要根据官员不同的品级有所变更。接下来针对隋唐男服常服袍衫正反面及上身效果进行展示。

● 常服袍衫正面效果

● 常服袍衫反面效果

● 常服袍衫上身效果

1 绘制要点

（1）画面的色彩要绘制得清新明快一些，整体色调要和谐统一。

（2）服装的下摆部分可以表现出随风飘动的动感效果，让整体画面看起来更加自然、活泼。

注意把握好空间层次关系，要拉开近景、中景、远景之间的距离。

注意把握好人物手的动态，比例关系和透视要准确。

衣服褶皱和鞋子的透视关系要准确。

2 绘制步骤

Step 01 打开 Photoshop 软件，执行"文件"→"新建"命令，弹出"新建"对话框。新建"草稿"图层，选择"铅笔"画笔工具（ 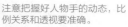 ），选择色卡为"212121"（■）的颜色，勾勒出人物的大致轮廓。

Step 02 把"草稿"图层的透明度降低到 35% 左右，新建"线稿"图层，选择"硬边圆压力不透明度"画笔工具（●）并把画笔的大小设置为 2 像素，用黑色"000000"（■）在草稿的基础上准确绘制出人物面部及帽子的线稿。

01

02

09

隋唐服饰的表现

169

Step 03 绘制出人物上半身的线条，如肩膀、手臂、腰饰等。

Step 04 绘制出服装下摆、鞋子等剩余部分的线条，注意运笔要自然流畅。

Step 05 关闭"草稿"图层的可见性，让线稿更加清晰。调整并完善局部细节的刻画，完成线稿的绘制。

Step 06 新建"头面和手上色"图层组，选择"晕染水墨"画笔工具（🖌），选择色卡为"f6e3d5"（▨）、"e1a99c"（▨）、"e6c6b9"（▨）的颜色绘制出皮肤的底色及暗部晕染。选择色卡为"4c3a3a"（■）、"372928"（■）、"d56969"（▨）的颜色分别绘制出眉毛、胡须、眼睛及嘴巴的细节。

| 线稿局部的绘制技巧 |

首先新建"草稿"图层，选择"铅笔"画笔工具勾勒出手的大体轮廓。然后新建"线稿"图层，选择"硬边圆压力不透明度"画笔工具准确绘制出手的线条，并关闭"草稿"图层的可见性。最后新建"上色"图层，依次绘制出手的底色以及明暗变化，完成绘制。

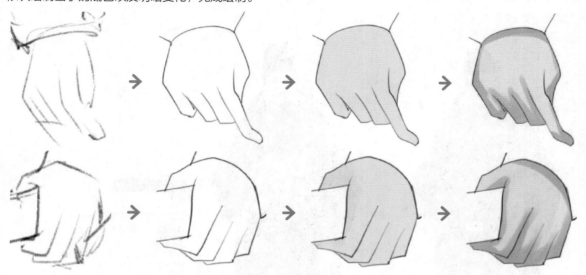

Step 07 新建"服装底色"图层组，选择"硬边圆压力不透明度"画笔工具（●），选择色卡为"4f9650"（■）、"c6c6c6"（■）、"e8efe7"（■）的颜色绘制出服装的底色。

Step 08 新建"服装暗部晕染"图层，选择"晕染水墨"画笔工具（➥），选择色卡为"245f25"（■）、"8d948d"（■）、"5f8463"（■）的颜色分别绘制出服装各部分的暗部。

Step 09 新建"腰饰和鞋帽底色"图层组，选择"硬边圆压力不透明度"画笔工具（●），选择色卡为"433131"（■）、"fffbcc"（■）、"403030"（■）、"2d1b1b"（■）的颜色分图层绘制出腰饰、帽子、鞋子的底色。

Step 10 新建"腰饰和鞋帽细化"图层组,选择"晕染水墨"画笔工具(),选择色卡为"52403c"(■)、"dddba2"(▨)、"2f2523"(■)、"4e3433"(■)的颜色分别绘制出各部分的明暗变化。

Step 11 新建"纹样"图层,选择"9.2.1 宝相花纹"并复制到此图层,根据需要确定纹样的分布位置和大小,并调整好透视转折关系,然后把"纹样"图层模式设置为"点光"。最后选择色卡为"b7e4a1"(▨)的颜色完善服装纹理局部细节的刻画,完成绘制。

● 正常模式效果   ● 点光模式效果

Tips

图案纹饰的颜色可以根据画面需要灵活变通,但是不能太过抢眼,要融入整体画面并丰富细节。

9.4 女子服饰的画法

学习了男子服饰的画法之后，接下来针对女子服饰的画法进行讲解，如常服、礼服、舞女服饰等。

9.4.1 常服

襦裙装是隋至初唐时期妇女的主要服式，短襦都用小袖，下身穿着紧身长裙，裙腰一般都在腰部以上或者系在腋下，并且用丝带扎紧，在整体视觉上给人俏丽、修长的感觉。外面还可以搭配半臂衫，而半臂则是短襦延伸出来的一种服饰，常用对襟在胸前结带，穿着时从上套下，领口宽大。

接下来针对隋唐女服常服正反面以及上身效果进行展示。

● 女子常服正面效果

● 女子常服上身效果

● 女子常服反面效果

▌ 绘制要点

（1）人物的造型动态要自然生动，不要过于僵硬。

（2）可以适当搭配道具丰富画面的内容并营造氛围，例如扇子等。

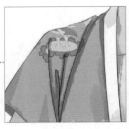

服装上的纹理图案需要根据褶皱纹理而做出参差不齐的错落感。

花纹部分也需要根据光源区分出明暗变化。

注意把握好手的姿势，扇子的透视关系要准确。

▌ 绘制步骤

Step 01 打开 Photoshop 软件，执行"文件"→"新建"命令，弹出"新建"对话框。新建"草稿"图层，选择"铅笔"画笔工具（ ），选择色卡为"212121"（ ■ ）的颜色，勾勒出人物的大致轮廓。

Step 02 把"草稿"图层的透明度降低到 35% 左右，新建"线稿"图层，选择"硬边圆压力不透明度"画笔工具（ ● ）并把画笔的大小设置为 2 像素，用黑色"000000"（ ■ ）在草稿的基础上准确绘制出人物头部的线稿。

Step 03 绘制出人物上半身及腰饰部分的线条，注意把握好运笔的节奏，纹理细节要处理好。

Step 04 在草稿的基础上准确绘制出裙子等剩余部分的线条，注意绘制较长线条时要自然流畅，一步到位，运笔要稳、快。

Step 05 关闭"草稿"图层的可见性，让线稿更加清晰。调整并完善局部细节的刻画，完成线稿的绘制。

Step 06 新建"头面底色"图层组，选择"硬边圆压力不透明度"画笔工具（●），选择色卡为"f2d7d0"（▨）、"3b2b2b"（■）的颜色分图层绘制出面部、手皮肤部分的底色及头发的底色。

| 裙子线稿的绘制技巧 |

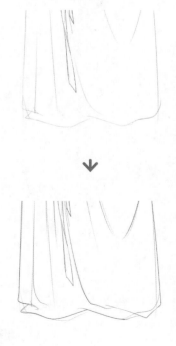

■ ◯ 快速选择工具　　W
■ ⚲ 魔棒工具　　　　W

Tips

　　绘制底色时，可以采用"快速选择工具"或"魔棒"工具（快捷键 W）对需要上色的部分进行选区，这样可以快速、有效地完成大面积的铺色。同时，按住键盘上的"Ctrl+D"快捷键可以快速取消选区。

Step 07　新建"头面细化"图层组，选择"晕染水墨"画笔工具（🖌），选择色卡为"d49f91"（■）、"e18c87"（■）、"f5e6e1"（　）、"231411"（■）的颜色晕染并绘制出皮肤的暗部，然后依次刻画五官的细节等。选择色卡为"665140"（■）、"633d3a"（■）、"fdebb9"（　）、"f8b46d"（■）、的颜色分图层绘制出头发的明暗及色彩变化，然后添加发饰丰富画面。

Step 08　新建"半臂衫和长裙底色"图层组，选择"硬边圆压力不透明度"画笔工具（●），选择色卡为"c9add5"（■）、"8bd7cd"（■）的颜色分图层绘制出半臂衫和长裙的底色。

Step 09　新建"半臂衫和长裙明暗"图层组，选择"晕染水墨"画笔工具（🖌），选择色卡为"9b6eaf"（■）、"bb96c9"（■）、"67c3b6"（■）、"43ac9d"（■）的颜色分图层绘制出各部分服饰的明暗关系，注意色彩的层次变化要丰富。

Step 10 新建"短襦和腰饰底色"图层组，选择色卡为"f1f2ec"（　）、"eaefd8"（　）、"fefccc"（　）的颜色分图层绘制出服饰剩余部分的底色。

Step 11 新建"短襦和腰饰明暗"图层组，选择色卡为"d1d0cb"（　）、"a6ac92"（　）、"c9b97d"（　）的颜色分图层绘制出短襦、腰饰等部分的明暗关系。

Step 12 新建"扇子上色"图层，选择色卡为"efd0a4"（　）、"6e2b34"（　）、"f51f1d"（　）、"f2dfc1"（　）的颜色依次刻画扇子的颜色。新建"纹样"图层，选择"9.2.4 散点式小花"和"9.2.6 鸟衔花草纹"复制到此图层，根据需要确定纹样的分布位置和大小，并调整好透视转折关系。然后把分别把纹样图层模式设置为"强光"和"点光"，完成绘制。

● 散点式小花

● 鸟衔花草纹

9.4.2 礼服

　　中晚唐时期的贵族礼服服饰穿戴是宽袖对襟衫、长裙和披帛，一般在重要的场合穿戴，如朝参、礼见等。接下来对隋唐女服礼服正反面及上身效果进行展示。

● 女子礼服正面效果

● 女子礼服反面效果

● 女子礼服上身效果

1 绘制要点

（1）人物手部动作的表现要含蓄。

（2）披帛一般都比较飘逸，绘制时要表现出垂感和优美的动感。

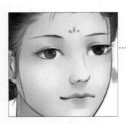

人物面部五官的比例关系要协调，颜色的过渡要自然。

手肘部分的衣服和披帛的褶皱相对较多，可以画得丰富一些，注意透视关系的准确。

服装上面的纹饰需要根据纹理褶皱的转折表现出空间感。

2 绘制步骤

Step 01 打开 Photoshop 软件，执行"文件"→"新建"命令，弹出"新建"对话框。新建"草稿"图层，选择"铅笔"画笔工具（　），选择色卡为"212121"（■）的颜色，勾勒出人物的大致轮廓。

Step 02 把"草稿"图层的透明度降低到 35% 左右，新建"线稿"图层，选择"硬边圆压力不透明度"画笔工具（●）并把画笔的大小设置为 2 像素，用黑色"000000"（■）在草稿的基础上准确绘制出人物头部的线稿。

01

02

Step 03 绘制出人物上半身的衣领和外衣胸前对襟部分的线条。

Step 04 用自然流畅的线条准确绘制出手臂、衣袖和披帛的线条。

03

04

Step 05 绘制出长裙等剩余部分的线条，注意把握好服装之间的前后遮挡关系，纹理褶皱和局部透视要处理好。

Step 06 关闭"草稿"图层的可见性，让线稿更加清晰。调整并完善局部细节的刻画，完成线稿的绘制。

05

06

Step 07 新建"皮肤和头发底色"图层组，选择"硬边圆压力不透明度"画笔工具（●），选择色卡为"f2d3bf"（▧）、"3a2720"（■）的颜色分图层绘制出皮肤、头发的底色。

Step 08 新建"头面和头发细化"图层组，选择"晕染水墨"画笔工具（🖌），选择色卡为"ce8f86"（▧）、"ec9e87"（▧）、"ec5f58"（▧）、"eda7a7"（▧）的颜色给皮肤局部添色，刻画暗部及局部妆容效果。选择色卡为"2e1d16"（■）、"120703"（■）、"b9a59c"（▧）的颜色绘制头发的明暗关系并刻画眉毛、眼睛等。选择色卡为"8fdad5"（▧）、"f5d77d"（▧）、"a36f23"（■）的颜色绘制出发饰的颜色。

Step 09 新建"外衣底色"图层，选择"硬边圆压力不透明度"画笔工具（●），选择色卡为"f4dd97"（▧）的颜色绘制出外衣的底色。

| 头部的上色技巧 |

→

Step 10　新建"外衣明暗"图层，选择"晕染水墨"画笔工具（🖌），选择色卡为"e8cf7b"（■）、"d2b349"（■）的颜色刻画外衣部分的明暗变化，注意把握好颜色的层次关系。

Step 11　新建"长裙和深衣底色"图层组，选择色卡为"d24430"（■）、"d3f2a4"（■）、"a8c779"（■）颜色分图层绘制出底色。

Step 12　新建"长裙和深衣明暗"图层组，选择"晕染水墨"画笔工具（🖌），选择色卡为"a21e09"（■）、"64823c"（■）、"ffffd"（□）、"c9ccc1"（■）的颜色分图层绘制出暗部并刻画局部细节，如衣领等。

Step 13　新建"披帛和腰带底色"图层组，选择"硬边圆压力不透明度"画笔工具（●），选择色卡为"b5d9cf"（■）、"133b83"（■）的颜色分图层绘制出底色。

Step 14　新建"披帛和腰带细化"图层组，选择"晕染水墨"画笔工具（🖌），选择色卡为"76b9a8"（■）、"4272c4"（■）的颜色细化披帛和腰带的明暗变化，注意把握好运笔和暗部面积的大小。

Step 15　新建"纹样"图层，选择"9.2.1 宝相花纹"和"9.2.5 穿枝花"复制到此图层，根据需要确定纹样的分布位置和大小，并调整好透视转折关系。然后调整纹样图层的图层模式，让纹饰与服装更好地融合在一起，完成绘制。

正常	正常
溶解	溶解
变暗	变暗
正片叠底	正片叠底
颜色加深	颜色加深
线性加深	线性加深
深色	深色
变亮	变亮
滤色	滤色
颜色减淡	颜色减淡
线性减淡（添加）	线性减淡（添加）
浅色	浅色
叠加	叠加
柔光	柔光
强光	强光
亮光	亮光
线性光	线性光
点光	点光
实色混合	实色混合
差值	差值
排除	排除
减去	减去
划分	划分
色相	色相
饱和度	饱和度
颜色	颜色
明度	明度

● 穿枝花正常模式效果   ● 穿枝花浅色模式效果

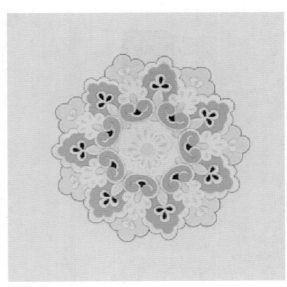

● 宝相花纹正常模式效果   ● 宝相花纹深色模式效果

9.5 舞女服饰的画法

  唐代的舞蹈有软舞（文舞）和健舞（武舞）之分，其中软舞属于汉族的舞蹈，舞姿宛转、舒展，余韵悠长，舞服则宽松、飘逸，多大袖。而健舞属于胡舞，舞姿威武、激越，旋转腾飞，舞服的袖子多紧窄。

  接下来针对隋唐紧窄的健舞舞服正反面及上身效果进行展示。

● 舞女服正面效果

● 舞女服反面效果

● 舞女服上身效果

█ **绘制要点**

（1）舞女服的袖子较长，整体造型和色彩华美，要注意绘制出轻盈飘逸的感觉。

（2）整体颜色绘制完成之后需要调整并统一画面的色调。

由于手臂的抬起会产生相应的纹理褶皱，注意把握好褶皱的穿插关系。

衣袖部分要把握好飘动的动态，透视关系要准确。

注意鞋子和裙子之间的遮挡关系。

2 **绘制步骤**

Step 01 打开 Photoshop 软件，执行"文件"→"新建"命令，弹出"新建"对话框。新建"草稿"图层，选择"铅笔"画笔工具（ ： ），选择色卡为"212121"（■）的颜色，勾勒出人物的大致轮廓。

Step 02 把"草稿"图层的透明度降低到 35% 左右，新建"线稿"图层，选择"硬边圆压力不透明度"画笔工具（ ● ）并把画笔的大小设置为 2 像素，用黑色"000000"（■）在草稿的基础上准确绘制出人物头部的线稿。

Step 03 绘制出人物上半身外衣的线条，注意线条要稳重、肯定，结构要交代清楚。

| 头部线稿的绘制技巧 |

Step 04 在草稿的基础上准确绘制出舞女服衣袖部分的线条，要把握好线条的层次关系。

Step 05 绘制出人物长裙等剩余部分服饰的线条，由于腿部动态的拉扯关系，所以可以适当添加纹理褶皱丰富画面的细节。

Step 06 关闭"草稿"图层的可见性，让线稿更加清晰。调整并完善局部细节的刻画，完成线稿的绘制。

| 衣袖线稿的绘制技巧 |

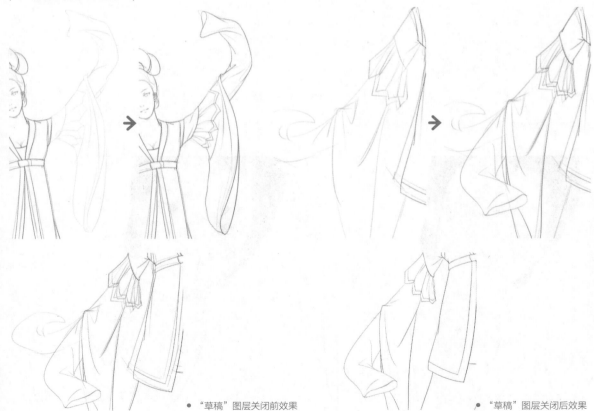

● "草稿"图层关闭前效果

● "草稿"图层关闭后效果

Step 07 新建"皮肤和头发底色"图层组，选择"硬边圆压力不透明度"画笔工具（●），选择色卡为"f6e2db"（⬜）、"593b39"（⬛）的颜色分图层绘制出皮肤和头发的底色。

Step 08 新建"头面和头发细化"图层组，选择"晕染水墨"画笔工具（🖌），选择色卡为"e8b9b1"（⬜）、"f8ada8"（⬜）、"f9605a"（⬛）、"2e1612"（⬛）、"7c5955"（⬛）的颜色分别刻画头面和头发的细节，例如，皮肤晕染、五官刻画、头发明暗等。

Step 09 新建"上身外衣底色"图层，选择"硬边圆压力不透明度"画笔工具（●），选择色卡为"b53333"（⬛）、"f0f0f0"（⬜）的颜色绘制出上半身外衣的底色。

| 五官上色技巧 |

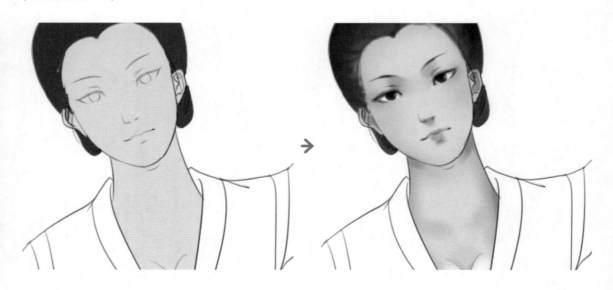

Step 10 新建"上身外衣明暗"图层，选择"晕染水墨"画笔工具（ ），选择色卡为"891313"（ ■ ）、"bfbeb9"（ ■ ）的颜色分别绘制出暗部，加强颜色明暗对比，塑造体积感、空间感。

Step 11 新建"裙子和短襦底色"图层组，选择"硬边圆压力不透明度"画笔工具（ ● ），选择色卡为"b6e7d1"（ ■ ）、"e5faf1"（ ■ ）、"fbf8cb"（ ■ ）的颜色分图层绘制出襦裙各部分的底色。

Step 12 新建"裙子和短襦明暗"图层组，选择"晕染水墨"画笔工具（ ），选择色卡为"bcdece"（ ■ ）、"8fb9a5"（ ■ ）、"8cc0a9"（ ■ ）、"dcd09e"（ ■ ）的颜色分别绘制出服饰的明暗变化。

| 襦裙上色技巧 |

Step 13 新建"剩余服饰上色"图层组，选择"硬边圆压力不透明度"画笔工具（●），选择色卡为"f7a8ab"（■）、"ffcb5e"（■）、"ce4c36"（■）、"57201b"（■）的颜色分图层绘制出舞女服花边袖及鞋子的底色。

Step 14 选择色卡为"cb676f"（■）、"fbc8cd"（■）的颜色进一步完善花边袖局部细节的刻画。然后新建"纹样"图层，选择"9.2.4 散点式小花"复制到此图层，根据需要确定纹样的分布位置和大小，并调整好透视转折关系，完成绘制。

| 纹饰添加技巧与效果 |

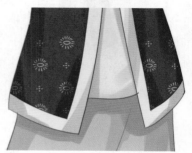

● 散点式小花

宋朝服饰的表现  10

◎ **本章主要内容**

宋朝服饰趋向于简洁质朴，一般女子多流行穿褙子或襦衣等拘谨且遮掩功能强的服装，而男子多穿袍衫，戴头巾等。本章主要介绍了宋朝服饰的服饰特征、常见纹饰、女子服饰的画法、男子服饰的画法及喜服的画法。

IO.I 服饰特征

宋朝服饰文化遵循色彩淡雅，不再追求艳丽与奢华，直领、交领、圆领是其主要的特征，一般百姓都爱穿舒适得体且典雅大方的直领服装或者长袍。下面针对直领、交领、圆领服饰款式进行举例。

● 直领　　　　　● 交领　　　　　● 圆领

交领一般可用于男女子服饰，通常衣身可以使用纽绊或者系带进行固定。

IO.2 常见纹饰

服饰纹样与当时社会特点及政治因素紧密相关，宋代服饰纹样的题材较为广泛、丰富，例如，组合型几何纹的八搭晕、六搭晕、盘球等；龟背纹、万字纹等组成的织锦等。下面针对宋代服饰常见纹饰的表现进行讲解。

IO.2.I 牡丹纹饰

| 牡丹纹饰的绘制技巧 |

首先新建"草稿"图层，选择"铅笔"画笔工具，勾勒出牡丹纹饰的大致轮廓。接着新建"线稿"图层，选择"硬边圆压力不透明度"画笔工具准确绘制出线稿，并关闭"草稿"图层的可见性。然后新建"底色"图层组，分图层绘制出牡丹花卉和叶片的底色，最后新建"细化"图层组，分图层绘制出纹饰的明暗关系及色彩变化，完成绘制。

10.2.2　联珠狩猎纹饰

| 联珠狩猎纹饰的绘制技巧 |

　　首先新建"线稿"图层，选择"椭圆选框工具"同时按住"Shift"键，单击鼠标右键选择"描边"准确绘制出大小适当的圆形。接着采用同样的方法继续绘制出纹饰的外围造型。然后新建"局部纹饰线稿"图层，准确绘制出人物骑马狩猎图案，并采用复制／粘贴的手法完成整体造型。最后新建"上色"图层组，分图层绘制出纹饰的整体色彩，完成绘制。

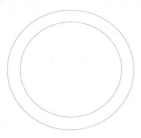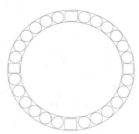

| 局部纹饰的绘制技巧 |

　　首先新建"草稿"图层，选择"铅笔"画笔工具，勾勒出人物骑马狩猎图案的大致轮廓。接着降低"草稿"图层的不透明度，新建"线稿"图层，选择"硬边圆压力不透明度"画笔工具，从局部入手依次绘制出线稿。然后并关闭"草稿"图层的可见性，调整并完善线稿的局部细节，完成绘制。

10.2.3　联珠大鹿纹锦

| 联珠大鹿纹锦的绘制技巧 |

　　首先新建"草稿"图层，选择"铅笔"画笔工具，勾勒出联珠大鹿纹锦的大致轮廓。接着新建"线稿"图层，选择"硬边圆压力不透明度"画笔工具准确绘制出线稿，并关闭"草稿"图层的可见性。然后新建"上色"图层，选择黑色给纹饰上色，完成绘制。

10.2.4 龟背纹饰

| 龟背纹饰的绘制技巧 |

  首先新建"草稿"图层,选择"铅笔"画笔工具,勾勒出龟背纹饰的大致轮廓。接着新建"线稿"图层,选择"硬边圆压力不透明度"画笔工具准确绘制出纹饰的轮廓线稿,并关闭"草稿"图层的可见性。然后新建"内部纹理线稿"图层,继续完善纹饰的整体造型。最后新建"上色"图层,绘制出纹饰的整体色彩,完成绘制。

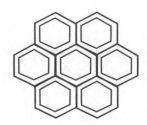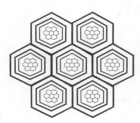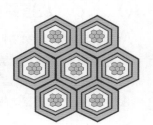

10.2.5 锁子纹饰

| 锁子纹饰的绘制技巧 |

  首先新建"线稿"图层组,选择"硬边圆压力不透明度"画笔工具,准确绘制出单个锁子造型的线稿,然后按照锁子的排列规律依次绘制出锁子纹饰剩余部分的线稿,完善整体造型。最后添加细节,完成绘制。

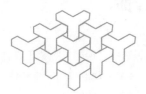

10.2.6 万字流水纹饰

| 万字流水纹饰的绘制技巧 |

  首先新建"线稿"图层,选择"硬边圆压力不透明度"画笔工具,绘制出两排粗细不一的直线,并画出万字流水纹饰的细节。然后新建"上色"图层,给纹饰铺上底色。最后调整整体纹饰的色彩变化,完成绘制。

10.2.7 海棠花罗纹饰

| 海棠花罗纹饰的绘制技巧 |

　　首先新建"草稿"图层，选择"铅笔"画笔工具，勾勒出海棠花罗纹饰的大致轮廓。接着新建"线稿"图层，选择"硬边圆压力不透明度"画笔工具准确绘制出线稿，并关闭"草稿"图层的可见性。然后新建"上色"图层组，绘制出纹饰的底色，最后分图层绘制出纹饰的明暗关系及色彩变化，完成绘制。

10.2.8 八搭晕纹饰

| 八搭晕纹饰的绘制技巧 |

　　首先新建"草稿"图层，选择"铅笔"画笔工具，勾勒出八搭晕纹饰的大致轮廓。接着新建"线稿"图层，选择"硬边圆压力不透明度"画笔工具准确绘制出线稿，并关闭"草稿"图层的可见性。然后新建"上色"图层组，分图层绘制出纹饰的整体色彩搭配，完成绘制。

10.2.9 六搭晕纹饰

| 六搭晕纹饰的绘制技巧 |

　　首先新建"草稿"图层，选择"铅笔"画笔工具，勾勒出六搭晕纹饰的大致轮廓。接着新建"线稿"图层，选择"硬边圆压力不透明度"画笔工具准确绘制出线稿，并关闭"草稿"图层的可见性。然后新建"上色"图层组，分图层绘制出纹饰不同区域的颜色，完成绘制。

10.2.10　盘球纹饰

| 盘球纹饰的绘制技巧 |

　　首先新建"草稿"图层，选择"铅笔"画笔工具，勾勒出盘球纹饰的大致轮廓。然后新建"线稿"图层，选择"硬边圆压力不透明度"画笔工具准确绘制出线稿，并关闭"草稿"图层的可见性。最后选择单色填充盘球纹饰的颜色，完成绘制。

 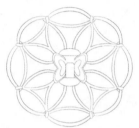 

10.3　女子服饰的画法

　　学习了宋代服饰常见纹饰的表现之后，接下来针对窄袖短衣、长裙、对襟小褙子、长裤、礼服、常服等女子服饰的画法进行讲解。

10.3.1　窄袖短衣

　　窄袖短衣是宋代女装上身服饰，款式短、袖子窄小是其主要特征，也是为了劳作便利。下面针对窄袖短衣的绘制要点和绘制步骤进行讲解。

1　绘制要点

　　（1）造型时需要把握好窄袖短衣的特征。
　　（2）整体色调要和谐统一，颜色要有明暗、深浅变化。

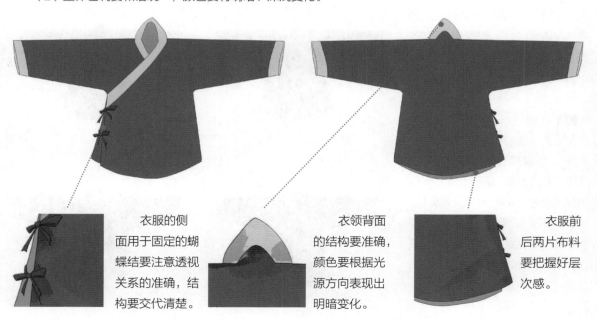

衣服的侧面用于固定的蝴蝶结要注意透视关系的准确，结构要交代清楚。

衣领背面的结构要准确，颜色要根据光源方向表现出明暗变化。

衣服前后两片布料要把握好层次感。

Step 01 打开 Photoshop 软件，执行"文件"→"新建"命令，弹出"新建"对话框。新建"草稿"图层，选择"铅笔"画笔工具（：），选择色卡为"212121"（■）的颜色，按照窄袖短衣的结构特征，勾勒出正面和反面的大致轮廓。

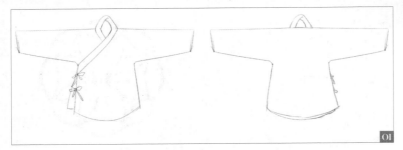

● "铅笔"画笔效果

Step 02 把"草稿"图层的透明度降低到 35% 左右，新建"线稿"图层，选择"硬边圆压力不透明度"画笔工具（●）并把画笔的大小设置为 2 像素，用黑色"000000"（■）在草稿的基础上准确绘制出服饰的线稿。然后关闭"草稿"图层的可见性，让线稿更加清晰。

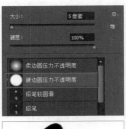

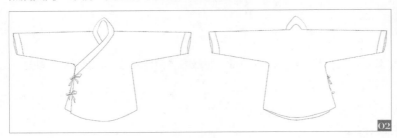

● "硬边圆压力不透明度"画笔效果

Step 03 新建"底色"图层组，选择"硬边圆压力不透明度"画笔工具（●），选择色卡为"f2d89d"（■）、"966350"（■）、"b89788"（■）、"d30006"（■）的颜色分图层绘制出服饰各部分的底色，如衣身、领袖口等。

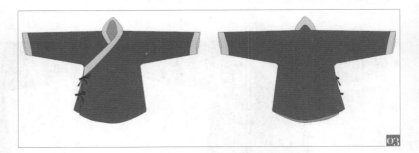

Step 04 新建"明暗关系"图层，选择"晕染水墨"画笔工具（✏），选择色卡为"7d4d39"（■）、"b89e63"（■）的颜色分别给各部分底色绘制出基本的明暗变化。调整并完善整体画面，完成绘制。

● "晕染水墨"画笔效果

10.3.2 长裙

长裙是宋代女装的基本服式，一般上身穿窄袖短衣，下身穿长裙，上衣外面还可以搭配对襟小褙子。

1 绘制要点

（1）长裙主要以红色调为主，在上色过程中可以适当添加橘色或者黄色采用渐变的方法进行晕染。

（2）为了突出主体色彩，系带部分可以采用蓝色进行搭配。

腰部可以添加系带丰富画面的内容。

长裙上的牡丹纹饰要根据长裙的纹理褶皱表现出错落感，凸显体积感、空间感。

暗部的加深，笔触要根据长裙的褶皱纹理和光源方向进行。

Step 01 打开 Photoshop 软件，执行"文件"→"新建"命令，弹出"新建"对话框。新建"草稿"图层，选择"铅笔"画笔工具（ ），选择色卡为"212121"（■）的颜色，勾勒出长裙正面和反面的大致轮廓。

Step 02 把"草稿"图层的透明度降低到 35% 左右，新建"线稿"图层，选择"硬边圆压力不透明度"画笔工具（ ● ）并把画笔的大小设置为 2 像素，用黑色"000000"（■）在草稿的基础上准确绘制出长裙的线稿。然后关闭"草稿"图层的可见性，让线稿更加清晰。

Step 03 新建"底色"图层组，选择"硬边圆压力不透明度"画笔工具（ ● ），选择色卡为"d33b30"（■）、"e7c679"（■）、"61b0db"（■）的颜色分图层绘制出长裙各部分的底色，如腰带等。

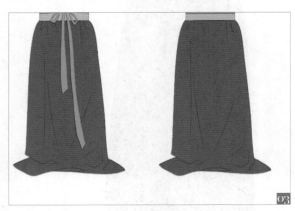

Step 04 新建"明暗关系"图层组，选择"晕染水墨"画笔工具（ ✎ ），选择色卡为"aa1d14"（■）、"c79a3d"（■）、"3a90bf"（■）的颜色分别绘制出暗部颜色，注意把握好光源方向。

Step 05 新建"纹样"图层，选择"10.2.1 牡丹纹饰"并复制到此图层，根据需要确定纹样的分布位置和大小，并调整好透视转折关系，完成绘制。

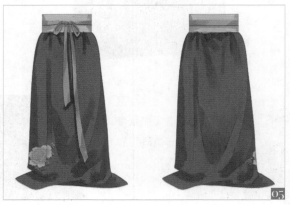

IO.3.3 对襟小褙子

褙子是一种由半臂或中单演变而成的上衣，造型与中单类似，但是腋下两裾分离，没有相连。而直领对襟小褙子是宋代盛行的款式，没有衿纽，腋下开胯，腰间系束勒帛。这种女子服饰常常罩在其他衣服的外面穿着。

1 绘制要点

（1）要把握好对襟小褙子的服饰特征，注意画面的对称性。

（2）上色时可以先平铺底色，然后再依次刻画明暗对比关系。

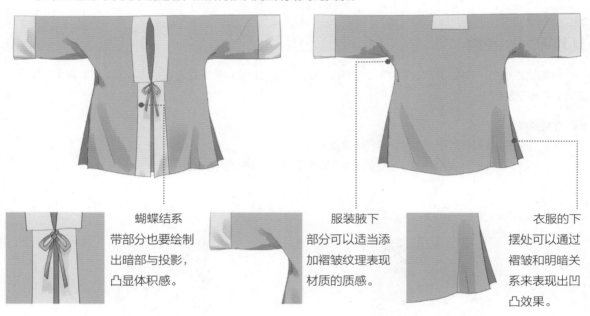

蝴蝶结系带部分也要绘制出暗部与投影，凸显体积感。

服装腋下部分可以适当添加褶皱纹理表现材质的质感。

衣服的下摆处可以通过褶皱和明暗关系来表现出凹凸效果。

2 绘制步骤

Step 01 打开 Photoshop 软件，执行"文件"→"新建"命令，弹出"新建"对话框。新建"草稿"图层，选择"铅笔"画笔工具（ ： ），选择色卡为"212121"（■）的颜色，勾勒出服饰正面和反面的大致轮廓。

Step 02 把"草稿"图层的透明度降低到 35% 左右，新建"线稿"图层，选择"硬边圆压力不透明度"画笔工具（ ● ）并把画笔的大小设置为2像素，用黑色"000000"（■）在草稿的基础上准确绘制出服饰的线稿。然后关闭"草稿"图层的可见性，让线稿更加清晰。

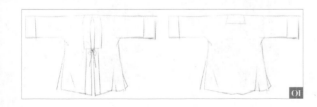

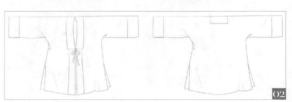

Step 03 新建"底色"图层组，选择"硬边圆压力不透明度"画笔工具（ ● ），选择色卡为"a4c8bc"（■）、"ecead1"（■）、"edb195"（■）的颜色分图层绘制出服饰各部分的底色。

Step 04 新建"明暗关系"图层，选择"晕染水墨"画笔工具（ 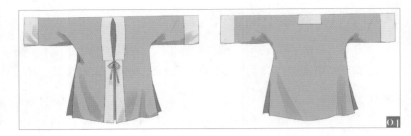 ），选择色卡为"72958e"（■）、"c7c7a3"（■）、"d48961"（■）的颜色分别给各部分底色绘制出基本的明暗变化。调整并完善整体画面，完成绘制。

10.3.4 长裤

长裤是古代女子的内用服式，常与裙子搭配穿着，主要强调实用性并且没有花边装饰。一般有无裆和开片之分，以便于使用。

1 绘制要点

（1）要把握好长裤的整体比例，透视关系要准确。

（2）绘制裤腿时可以稍微表现出侧面的造型和前后关系，增添画面的层次感。

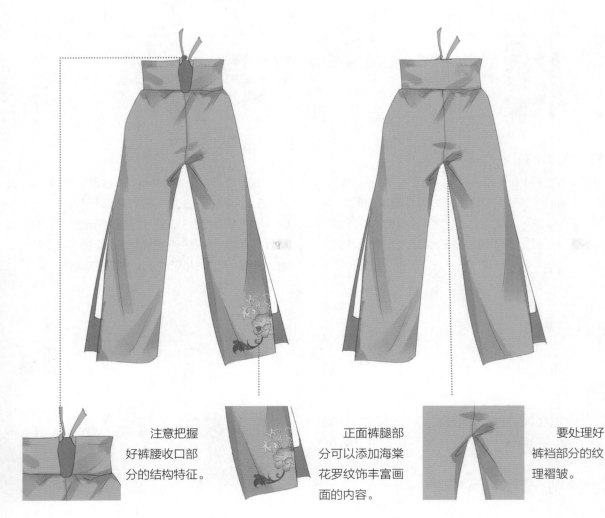

注意把握好裤腰收口部分的结构特征。

正面裤腿部分可以添加海棠花罗纹饰丰富画面的内容。

要处理好裤裆部分的纹理褶皱。

2 绘制步骤

Step 01 打开 Photoshop 软件，执行"文件"→"新建"命令，弹出"新建"对话框。新建"草稿"图层，选择"铅笔"画笔工具（ ），选择色卡为"212121"（■）的颜色，勾勒出长裤正面和反面的大致轮廓。

Step 02 把"草稿"图层的透明度降低到 35% 左右，新建"线稿"图层，选择"硬边圆压力不透明度"画笔工具（●）并把画笔的大小设置为 2 像素，用黑色"000000"（■）在草稿的基础上准确绘制出长裤的线稿。然后关闭"草稿"图层的可见性，让线稿更加清晰。

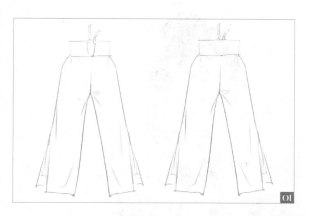

Step 03 新建"底色"图层，选择"硬边圆压力不透明度"画笔工具（●），选择色卡为"e4aa9e"（■）的颜色绘制出长裤的底色。

Step 04 新建"明暗关系"图层，选择"晕染水墨"画笔工具（ ），选择色卡为"b47c6f"（■）的颜色绘制出长裤的暗部，加强颜色明暗对比，塑造体积感、空间感。

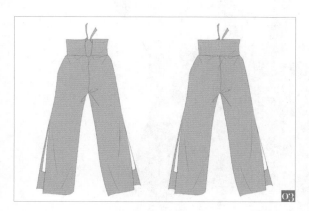

Step 05 新建"纹样"图层，选择"10.2.7 海棠花罗纹饰"并复制到此图层，根据需要确定纹样的分布位置和大小，并调整好透视转折关系，完成绘制。

IO.3.5 礼服

　　礼服是宋代皇后贵重的服饰，主要用于受皇帝册封或祭祀典礼时的穿着，并且需要搭配凤冠、白玉双佩等饰物。而贵妇礼服常见的款式是大袖衫、长裙、披帛等，需要搭配华丽精致的首饰，如发饰、胸饰等。但是这种服饰普通妇女不能穿着。

　　接下来针对宋代贵妇礼服正反面及上身效果进行展示。

● 礼服正面效果

● 礼服反面效果

● 礼服上身效果

1 绘制要点

（1）服装布料的褶皱弯曲要柔顺，色彩的渐变关系要柔和，过渡要自然。

（2）勾线时要注意把握好人物的姿态，头部可以稍微向右倾斜，与右手的动作相呼应。

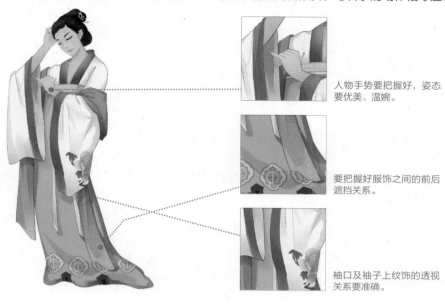

人物手势要把握好，姿态要优美、温婉。

要把握好服饰之间的前后遮挡关系。

袖口及袖子上纹饰的透视关系要准确。

2 绘制步骤

Step 01　打开 Photoshop 软件，执行"文件"→"新建"命令，弹出"新建"对话框。新建"草稿"图层，选择"铅笔"画笔工具（ : ），选择色卡为"212121"（■）的颜色，勾勒出人物大致的轮廓，注意把握好整体比例关系。

Step 02　把"草稿"图层的透明度降低到 35% 左右，新建"线稿"图层，选择"硬边圆压力不透明度"画笔工具（● ）并把画笔的大小设置为 2 像素，用黑色"000000"（■）从局部入手，在草稿的基础上准确绘制出人物头部的线稿，注意把握好人物的眉眼神态。

Step 03　沿着脖子继续向下绘制，用自然流畅的线条绘制出人物肩部衣领、左手以及左臂服饰部分的线条，转折处可以适当添加褶皱纹理表现面料柔软质感。

Step 04　用同样的方法继续绘制出右手及右臂服饰的线条。

Step 05　绘制出长裙、鞋子等剩余部分服饰的线条，注意绘制线稿时需要随时调整并修改草稿的不足。

Step 06　关闭"草稿"图层的可见性，让线稿看得更加清晰。然后调整并完善局部细节，完成线稿的绘制。

● "草稿"关闭前效果　　　　　● "草稿"关闭后效果

Step 07 新建"头部与皮肤底色"图层组，选择"硬边圆压力不透明度"画笔工具（●），选择色卡为"3a2426"（■）、"eac9c0"（▨）的颜色分图层绘制出头发、皮肤部分的底色，并绘制眉毛与睫毛。

Step 08 新建"头部与皮肤细化"图层组，选择"柔边圆压力不透明度"画笔工具（●），选择色卡为"504543"（■）、"4a2f3e"（■）、"2d1316"（■）、"908685"（▨）的颜色分图层丰富头发的颜色并刻画暗部和高光。选择色卡为"da9c8d"（▨）的颜色绘制出皮肤的暗部和投影，例如，脖子、手等。选择色卡为"e06963"（▨）的颜色绘制嘴巴和眼妆。

Step 09 新建"上衣底色"图层，选择"硬边圆压力不透明度"画笔工具（●），选择色卡为"fffbef"（▨）、"52759d"（▨）的颜色分别绘制出上衣及袖口的底色。

| 五官局部的绘制技巧 |

Step 10　新建"上衣晕染"图层，选择"晕染水墨"画笔工具，选择色卡为"9e947b"（■）、"e5dec2"
（■）的颜色根据纹理褶皱绘制出暗部，选择色卡为"e9cda5"（■）的颜色在袖子下摆处添色，丰富色
彩层次感。

Step 11　新建"长裙底色"图层，选择"硬边圆压力不透明度"画笔工具（●），选择色卡为"f39991"（■）的颜
色绘制出裙子的基本色。

Step 12　新建"长裙晕染"图层，选择"晕染水墨"画笔工具，选择色卡为"c25046"（■）、"dd8078"
（■）的颜色绘制出裙子的暗部，注意把握好颜色的深浅变化。

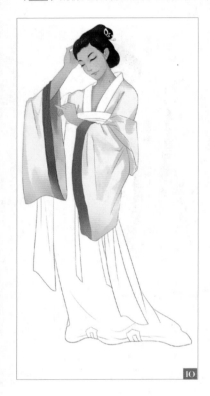

| 上衣局部的绘制技巧 |

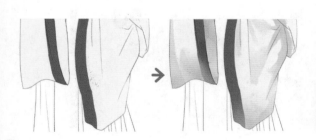

| 长裙局部的绘制技巧 |

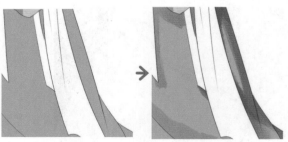

Step 13 新建"披帛上色"图层组，选择色卡为"ff7a42"（█）、"db5317"（█）、"ffb190"（█）、
"a91a14"（█）的颜色分图层绘制出披帛的底色、暗部及亮面。

Step 14 新建"剩余部分上色"图层组，选择色卡为"fee974"（█）、"f0c054"（█）、"a20705"（█）、
"2a2a2a"（█）的颜色分图层绘制出腰带、鞋子等剩余部分的颜色。

Step 15 新建"纹样"图层，选择"10.2.1 牡丹纹饰"和"10.2.8 八搭晕纹饰"并复制到此图层，根据需要确
定纹样的分布位置和大小，并调整好透视转折关系，完成绘制。

| 披帛局部的绘制技巧 |

●牡丹纹饰　　　　　●八搭晕纹饰

10.3.6 常服

　　宋代女服常服的代表是襦裙，它的样式和唐代的襦裙大体相同，但不同的是宋代襦裙的上装兼具了右衽和窄袖两个特征，并且常常在腰间正中部位的飘带上加玉制的圆环饰物以压住裙幅，避免活动时随风飘舞而影响美观。

　　接下来针对宋代女服常服正反面及上身效果进行展示。

● 常服正面效果

● 常服反面效果

● 常服上身效果

1 绘制要点

（1）构图时可以在人物手中添加扇子元素，丰富画面的内容并营造空间氛围。

（2）人物全身的服饰层次交多，绘制线稿时注意区分不同位置和不同材质的褶皱特点。

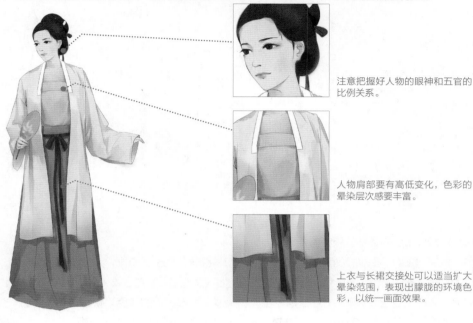

注意把握好人物的眼神和五官的比例关系。

人物肩部要有高低变化，色彩的晕染层次感要丰富。

上衣与长裙交接处可以适当扩大晕染范围，表现出朦胧的环境色彩，以统一画面效果。

2 绘制步骤

Step 01　打开 Photoshop 软件，执行"文件"→"新建"命令，弹出"新建"对话框。新建"草稿"图层，选择"铅笔"画笔工具（　），选择色卡为"212121"（■）的颜色，勾勒出人物的大致轮廓，注意把握好整体比例和动态。

Step 02　把"草稿"图层的透明度降低到 35% 左右，新建"线稿"图层，选择"硬边圆压力不透明度"画笔工具（●）并把画笔的大小设置为 2 像素，用黑色"000000"（■）在草稿的基础上准确绘制出人物头部的线稿。

Step 03　绘制出人物手、扇子以及外衣的轮廓，注意把握好线条的节奏感。

01

02

03

Step 04 绘制出人物长裙等剩余部分服饰的线条。

Step 05 关闭"草稿"图层的可见性，让线稿更加清晰。调整并完善局部细节的刻画，完成线稿的绘制。

Step 06 新建"头发与皮肤底色"图层组，选择"硬边圆压力不透明度"画笔工具（●），选择色卡为"3e2f2a"（■）、"f8e1db"（□）的颜色分图层绘制出人物头发、面部、手的底色。新建"扇子底色"图层，选择色卡为"edad89"（■）、"934922"（■）的颜色给人物手中的扇子铺上底色。

Step 07 新建"头面细化"图层组，选择"晕染水墨"画笔工具（🖌），选择色卡为"271511"（■）、"54423e"（■）、"3e302f"（■）的颜色刻画头发、眉毛、眼睛的细节。选择色卡为"ce8984"（■）、"ed6b6b"（■）的颜色刻画皮肤的暗部、嘴巴及眼妆。选择色卡为"779057"（■）、"f4d4c7"（■）的颜色刻画扇子上的图案。新建"腰带"图层，选择色卡为"9b1017"（■）的颜色绘制出腰带的明暗变化。

Step 08 新建"外衣上色"图层组，选择色卡为"f4edc3"（■）的颜色给外衣铺上底色，选择色卡为"c4d1a3"（■）、"f3d8a3"（■）的颜色在衣服下摆处添色，丰富色彩层次感。选择色卡为"bdb285"（■）、"ad9358"（■）的颜色绘制出外衣的纹理褶皱及暗部，加强颜色明暗对比，凸显体积感、空间感。

Step 09 新建"裹胸与长裙底色"图层组，选择色卡为"70a66c"（■）、"edc1be"（■）的颜色分图层绘制出长裙等剩余部分服饰的底色。

Step 10 新建"裹胸与长裙细化"图层组，选择色卡为"518d51"（■）、"ba807c"（■）的颜色分图层绘制出服饰的暗部，加强颜色明暗对比关系。最后调整并完善局部细节的刻画，完成绘制。

| 扇子的绘制技巧 |

首先新建"草稿"图层，选择"铅笔"画笔工具勾勒出扇子的大致轮廓。然后降低"草稿"图层的不透明度，新建"线稿"图层，用自然流畅的线条准确绘制出扇子的线稿，并关闭"草稿"图层的可见性。最后新建"上色"图层组，分图层依次绘制出扇子的底色及图案，完成绘制。

IO.4 男子服饰的画法

　　学习了女子服饰的画法之后，接下来针对男子服饰短褐、襕衫、官服、朝服、布衫的正反效果及上身效果的表现进行讲解。

IO.4.I 短褐

　　短褐是古代贫苦百姓所穿服装的称谓，常用兽毛或者粗麻布制成。长度短小，一般到臀部位置，采用竖裁既省布料又方便劳作。

　　接下来针对宋代男服短褐正反面及上身效果进行展示。

● 短褐正面效果

● 短褐反面效果

● 短褐上身效果

1 绘制要点

（1）注意人像形象气质要与服饰特性相符。

（2）由于短褐是劳苦大众穿着的服饰，所以整体色调不要过于华丽、鲜艳。

注意把握好右手的动作和透视关系。

腰带部分要通过颜色的明暗对比关系表现出体积感。

袜子和鞋子部分采用平涂的方法简单交代出明暗变化即可。

2 绘制步骤

Step 01 打开 Photoshop 软件，执行"文件"→"新建"命令，弹出"新建"对话框。新建"草稿"图层，选择"铅笔"画笔工具（　），选择色卡为"212121"（■）的颜色，勾勒出人物的大致轮廓。

Step 02 把"草稿"图层的透明度降低到 35% 左右，新建"线稿"图层，选择"硬边圆压力不透明度"画笔工具（●）并把画笔的大小设置为 2 像素，用黑色"000000"（■）在草稿的基础上准确绘制出人物头部的线稿。

Step 03 绘制出人物上半身的线条，如肩膀、手臂、腰身等。

| 头部的绘制技巧 |

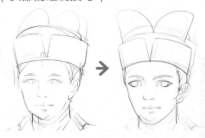 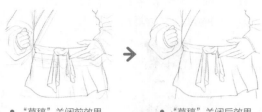

- "草稿"关闭前效果　　　　- "草稿"关闭后效果

Step 04　绘制出裤腿、鞋子等剩余部分的线条，然后关闭"草稿"图层的可见性，让线稿更加清晰。调整并完善局部细节的刻画，完成线稿的绘制。

Step 05　新建"帽子和头面底色"图层组，选择"硬边圆压力不透明度"画笔工具（●），选择色卡为"634b41"（▓）、"292929"（▓）、"eecec1"（▓）的颜色分图层绘制出帽子、头发、皮肤的底色。

Step 06　新建"头面细化"图层组，选择"晕染水墨"画笔工具（✒），选择色卡为"462e22"（▓）、"7c665b"（▓）的颜色刻画帽子的明暗变化。选择色卡为"d69889"（▓）、"a04f32"（▓）、"220d08"（▓）、"a95f60"（▓）的颜色分别绘制出皮肤的暗部与投影，眉毛、眼睛及嘴巴的细节。

| 帽子的绘制技巧 |

　　首先新建"草稿"图层，选择"铅笔"画笔工具勾勒出帽子的大致轮廓。然后降低"草稿"图层的不透明度，新建"线稿"图层，用自然流畅的线条准确绘制出帽子的线稿，并关闭"草稿"图层的可见性。最后新建"上色"图层组，分图层依次绘制出帽子的底色、明暗变化等，完成绘制。

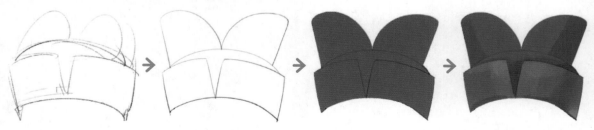

Step 07 新建"服装底色"图层组,选择"硬边圆压力不透明度"画笔工具(●),选择色卡为"9b9682"(■)、"292c3b"(■)、"45506e"(■)、"bebebe"(■)的颜色分图层绘制出各部分服装的颜色,如上衣、裤子、腰带等。

Step 08 新建"服装明暗"图层组,选择"晕染水墨"画笔工具(✒),选择色卡为"746d53"(■)、"44495d"(■)、"252f53"(■)、"465888"(■)的颜色分图层绘制出服装各部分的明暗变化,塑造体积感。

| 服装局部的绘制技巧 |

Step 09 新建"袜子与鞋子底色"图层组,选择色卡为"fef5ec"(■)、"a36c4d"(■)、"bdae91"(■)的颜色绘制出剩余部分服饰的底色,如袜子、鞋子等。

Step 10 新建"袜子与鞋子明暗"图层组,选择色卡为"c6bcb0"(■)、"7e4f33"(■)的颜色绘制出袜子和鞋子的暗部。最后调整整体画面并刻画具体细节,完成绘制。

10.4.2 襕衫

襕衫虽然流行于宋代，但是却在唐代就有出现。一般到膝盖位置有一道接缝，即横襕，领子多用圆领。在古代，襕衫属于职官公服。

接下来针对宋代男服襕衫正反面及上身效果进行展示。

● 襕衫正面效果

● 襕衫反面效果

● 襕衫上身效果

1 绘制要点

（1）上色时，可以先从底色开始，然后慢慢刻画色彩的晕染和明暗关系，这样更有益于色调的把控。

（2）帽子、服装、鞋子之间的色彩搭配要和谐、统一。

色彩晕染时可以适当预留些不规则的笔触效果，让画面看起来更加生动。

注意把握好手、扇子以及服饰之间的前后遮挡关系。

服饰下摆部分可以通过颜色的明暗对比关系来表现凹凸效果，使画面看起来具有体积感、空间感。

2 绘制步骤

Step 01 打开 Photoshop 软件，执行"文件"→"新建"命令，弹出"新建"对话框。新建"草稿"图层，选择"铅笔"画笔工具（：），选择色卡为"212121"（■）的颜色，勾勒出人物的大致轮廓。

Step 02 把"草稿"图层的透明度降低到 35% 左右，新建"线稿"图层，选择"硬边圆压力不透明度"画笔工具（●）并把画笔的大小设置为 2 像素，用黑色"000000"（■）在草稿的基础上准确绘制出人物头部的线稿。

01

02

Step 03 绘制出服装领口、肩部及衣袖的线条，并且绘制出人物手和扇子道具的线条。

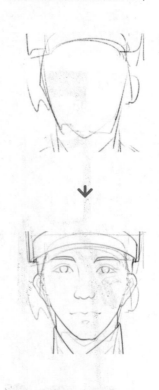

Step 04 绘制出服饰剩余部分的线条，如鞋子、腰饰等。

Step 05 关闭"草稿"图层的可见性，让线稿更加清晰。然后调整并完善局部细节的刻画，完成线稿的绘制。

Step 06 新建"皮肤底色"图层，选择"硬边圆压力不透明度"画笔工具（●），选择色卡为"f2d8cb"（▬）的颜色绘制出人物面部、手的底色。

Step 07 新建"面部细化"图层，选择"晕染水墨"画笔工具（✑），选择色卡为"c8a094"（▬）的颜色绘制出皮肤的暗部与投影。选择色卡为"141414"（■）、"ad5f5f"（▬）的颜色分别绘制出人物的头发、眉毛、眼睛及嘴巴等。

Step 08 新建"服装底色"图层，选择色卡为"e4e0d5"（▬）的颜色绘制出服装的基本色。

Step 09 新建"服装晕染"图层组，选择色卡为"c8c1af"（▬）、"94836f"（▬）、"b9aaa3"（▬）的颜色为服装添色并刻画暗部，注意把握好颜色的层次变化要丰富。

Step 10 新建"包边和头巾底色"图层，选择色卡为"131313"（■）的颜色绘制出头巾和服装包边等部分的颜色。

Step 11 新建"包边和头巾晕染"图层组，选择色卡为"392e2a"（■）、"635a55"（■）、"3b3630"（■）、"2f2f2f"（■）的颜色分图层绘制出头巾等部分的明暗变化。

Step 12 新建"配饰和道具上色"图层组，选择色卡为"94dacf"（■）、"f2b3ac"（■）、"734234"（■）、"f6ede4"（■）的颜色分图层刻画腰部的配饰及扇子的颜色，完成绘制。

| 头巾的绘制技巧 |

首先新建"草稿"图层，选择"铅笔"画笔工具勾勒出帽子的大致轮廓。然后降低"草稿"图层的不透明度，新建"线稿"图层，用自然流畅的线条准确绘制出帽子的线稿，并关闭"草稿"图层的可见性。最后新建"上色"图层组，分图层依次绘制出帽子的底色、明暗变化等，完成绘制。

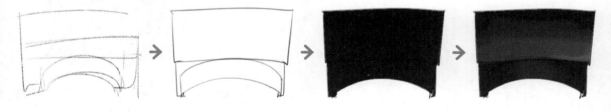

10.4.3 官服

　　宋代官吏的服饰基本承袭了唐代的服装款式，以圆领大袖袍衫为主，下裾加横襕，腰间束革带，而色彩方面也有讲究，例如，三品以上用紫色、七品以上用绿色、九品以上用青色等。

　　接下来针对宋代男服官服正反面及上身效果进行展示。

● 官服正面效果

● 革带

● 官服上身效果

● 官服反面效果

（1）幞头、腰饰、鞋子等局部配饰要有服饰的整体效果相配。

（2）注意把握好人物右手、身体及左手直接的遮挡关系和空间关系。

服装的绘制可以适当添加光源色和环境色效果，丰富色彩层次感。

腰部和手肘部分的服饰可以稍微多添加一些纹理褶皱效果。

色彩的叠加要有块面感，但是不要过于规整。

② 绘制步骤

Step 01 打开 Photoshop 软件，执行"文件"→"新建"命令，弹出"新建"对话框。新建"草稿"图层，选择"铅笔"画笔工具（：），选择色卡为"212121"（■）的颜色，勾勒出人物的大致轮廓。

Step 02 把"草稿"图层的透明度降低到35%左右，新建"线稿"图层，选择"硬边圆压力不透明度"画笔工具（●）并把画笔的大小设置为2像素，用黑色"000000"（■）在草稿的基础上准确绘制出头部、幞头以及衣领部分的线稿。

01

02

Step 03 用自然流畅的线条绘制出肩
部、袖子及腰饰的线稿。

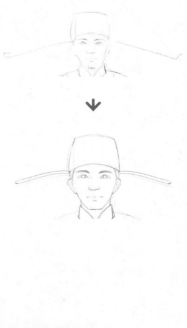

Step 04 绘制出服装下摆、手、鞋子等剩余部分的线条，并适当添加纹理褶皱表现服饰柔软的质感。

Step 05 关闭"草稿"图层的可见性，让线稿看得更加清晰。然后调整局部细节，完成线稿的绘制。

Step 06 新建"面部与幞头底色"图层，选择"硬边圆压力不透明度"画笔工具（● ），选择色卡为"ead1ca"
（ ▇ ）、"241913"（ ▇ ）的颜色分图层绘制出皮肤和幞头的底色。

Step 07 新建"面部和幞头细化"图层组，选择"晕染水墨"画笔工具（ ），选择色卡为"cea498"（ ）、"d9a3a1"（ ）、"3e1b15"（ ）、"4f3b34"（ ）、"512a1b"（ ）分图层绘制出各部分的细节，如皮肤暗部、嘴巴、眼睛、眉毛及幞头等。

Step 08 新建"服饰底色"图层组，选择色卡为"78a48d"（ ）、"763521"（ ）、"3c1a10"（ ）、"af8150"（ ）、"f2ebe3"（ ）的颜色分别绘制出服装、腰饰、鞋子等部分的底色。

Step 09 新建"服饰晕染"图层组，选择色卡为"5e846f"（ ）、"365945"（ ）、"637f83"（ ）、"8ba697"（ ）、"802311"（ ）的颜色为各部分的底色添色并刻画暗部。

Step 10 新建"细化调整"图层，选择色卡为"cab073"（ ）、"5d2818"（ ）、"89b294"（ ）的颜色刻画腰饰的明暗与细节，并调整服装的亮面颜色，完成绘制。

| 幞头的绘制技巧 |

　　首先新建"线稿"图层，用自然流畅的线条准确绘制出幞头的线稿。然后新建"上色"图层组，分图层依次绘制出幞头的底色、明暗变化等。最后调整整体画面的局部细节，完成绘制。

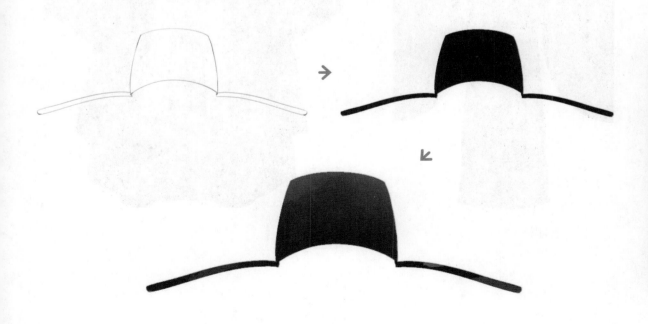

10.4.4 朝服

　　宋朝在服饰文化方面颁布了一些新的制度，虽然朝服的样式与唐代朝服相同，但是从宋代开始，官员穿戴朝服时需在脖子上佩戴上圆下方的方心圆领饰物。

　　接下来将针对宋代男子朝服正反面及上身效果进行展示。

● 朝服正面效果

● 朝服反面效果

● 朝服上身效果

百媚千红　古风CG插画绘制技法精解（服饰篇）

1 **绘制要点**

（1）添加纹饰时要处理好整体效果，不透明度的调整很重要。

（2）人物的手被宽大的衣袖完全遮挡，可以通过手中的道具来表现动作。

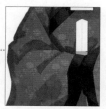

主体部分的刻画可以适当加强颜色明暗对比关系。

纹饰也需要根据光源效果表现出明暗变化。

注意统一画面的光源方向，可以通过颜色的明暗对比关系来表现转折效果及体积感。

2 **绘制步骤**

Step 01　打开 Photoshop 软件，执行"文件"→"新建"命令，弹出"新建"对话框。新建"草稿"图层，选择"铅笔"画笔工具（ ），选择色卡为"212121"（■）的颜色，勾勒出人物的大致轮廓。

Step 02　把"草稿"图层的透明度降低到 35% 左右，新建"线稿"图层，选择"硬边圆压力不透明度"画笔工具（ ● ）并把画笔的大小设置为 2 像素，用黑色"000000"（■）在草稿的基础上准确绘制出头部和帽子的线稿。

01

02

Step 03 绘制出服装衣领和肩部部分的线稿。

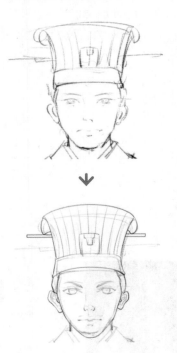

Tips

线稿的绘制需要根据结构灵活变换画笔像素的大小，并且线条要富有韵律感及节奏感，要有轻重、虚实、粗细等变化。

Step 04 用自然流畅的线条绘制出服装两个袖子部分的线稿，注意把握好褶皱的处理。

Step 05 绘制出服装剩余部分的线条，注意结构要交代清楚，线条的叠压关系要准确。

Step 06 关闭"草稿"图层的可见性，让线稿更加清晰。然后调整并完善整体线稿。

| 褶皱纹理的绘制技巧 |

Step 07　新建"面部底色"图层组，选择"硬边圆压力不透明度"画笔工具（●），选择色卡为"f2c3bb"（▨）、
"341c18"（■）、"daf3fa"（▨）的颜色分图层绘制出人物面部和项饰的底色。

Step 08　新建"面部细化"图层组，选择"晕染水墨"画笔工具（🖌），选择色卡为"ca8b82"（▨）、"c25050"
（■）、"462f29"（■）的颜色分别刻画肤色暗部、眉毛、眼睛等五官的细节。选择色卡为"b8d4e0"
（▨）的颜色绘制出项饰的暗部。

Step 09　新建"服装底色"图层组，选择色卡为"b6292f"（■）、"17113d"（■）、"e52f2b"
（■）、"e8d792"（▨）、"160003"（■）、"ffffff"（□）、"543427"（■）、"ebb644"
（▨）的颜色分别绘制出服装、鞋子、帽子各部分的底色。

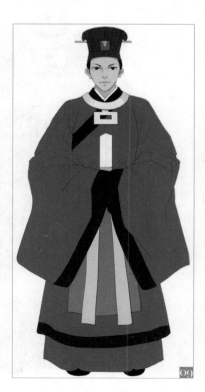

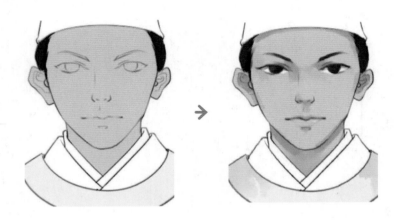

Step 10　新建"服装明暗关系"图层组，选择色卡为"890e11"（■）、"d83f3a"（■）的颜色绘制出服装主体部分的暗部和亮面颜色。

Step 11　选择色卡为"bea555"（■）、"c31c16"（■）、"ed6349"（■）、"494776"（■）的颜色绘制出服饰剩余部分的明暗变化，加强颜色明暗对比，凸显体积感、空间感。注意把握好色彩的层次变化，不要完全遮盖住上一步的颜色。

Step 12 新建"服饰纹样"图层组，选择 "10.2.9 六搭晕纹饰"和"10.2.7 海棠花罗纹饰"并复制到此图层组，根据需要确定纹样的分布位置和大小，并调整好透视转折关系及透明度，完成绘制。

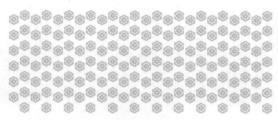

● 六搭晕纹饰

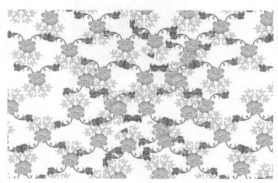

● 海棠花罗纹饰

| 帽子的绘制技巧 |

　　首先新建"线稿"图层，用自然流畅的线条准确绘制出帽子的线稿。然后新建"上色"图层组，分图层依次绘制出帽子的底色、明暗变化等。最后调整并完善整体画面，完成绘制。

10.4.5 布衫

　　布衫是指布制作的一种单衣，一般为净面、无装饰，给人素雅的感觉。接下来将针对布衫上身效果的表现进行讲解。

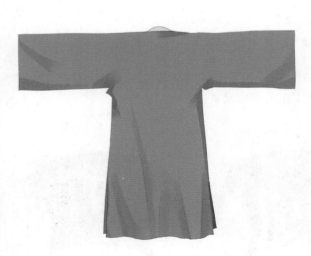

● 布衫正面效果

● 布衫反面效果

● 布衫上身效果

Ⅰ 绘制要点

（1）注意人物的比例结构与动态。

（2）注意色调的统一和谐。

手臂弯曲的位置可以多画一些纹理褶皱。

袖子的下方可以适当添加投影，凸显体积感、空间感。

较为宽松的服饰下摆可以加强透视感及褶皱的转折。

233

Step 01 打开 Photoshop 软件，执行"文件"→"新建"命令，弹出"新建"对话框。新建"草稿"图层，选择"铅笔"画笔工具（ : ），选择色卡为"212121"（ ■ ）的颜色，勾勒出人物的大致轮廓。

Step 02 把"草稿"图层的透明度降低到 35% 左右，新建"线稿"图层，选择"硬边圆压力不透明度"画笔工具（ ● ）并把画笔的大小设置为 2 像素，用黑色"000000"（ ■ ）在草稿的基础上准确绘制出人物头部及帽子的线稿。

Step 03 沿着脖子继续向下绘制，用自然流畅的线条绘制出上半身服饰和袖子的线条，注意转折处可以适当添加褶皱纹理以表现面料柔软的质感。

| 头部线稿的绘制技巧 |

Step 04 绘制出服饰剩余部分的线条，注意把握好服饰褶皱纹理的转折与透视关系，线条的叠压关系要准确。

Step 05 关闭"草稿"图层的可见性，让线稿更加清晰。然后调整并完善局部细节，完成线稿的绘制。

Step 06 新建"皮肤与帽子底色"图层组，选择"硬边圆压力不透明度"画笔工具（●），选择色卡为"f2dbd3"
（██）、"3d3d3d"（██）的颜色，分图层绘制出面部皮肤和帽子的底色。

● "草稿"关闭前的效果   ● "草稿"关闭后的效果

Step 07 新建"面部与帽子细化"图层组,选择"晕染水墨"画笔工具(✐),选择色卡为"c78e73"(■)、"060300"(■)、"512b2a"(■)、"66635e"(■)、"af7069"(■)、"44322e"(■)的颜色,分图层绘制出皮肤的暗部与投影,以及眉毛、眼睛、嘴巴、鼻子的细节,并绘制出胡须。选择色卡为"5a5a5a"(■)的颜色绘制出帽子的明暗变化。

Step 08 新建"外衣底色"图层,选择"硬边圆压力不透明度"画笔工具(●),选择色卡为"7595bc"(■)、"d4dbe3"(■)的颜色绘制出外衣的底色。

Step 09 新建"外衣暗部"图层,选择色卡为"375b8d"(■)、"5d7ea7"(■)、"89a9cd"(■)的颜色绘制出外衣的暗部,注意这一步需要根据明暗关系和纹理、褶皱来处理。

| 帽子的绘制技巧 |

　　首先新建"草稿"图层,选择"铅笔"画笔工具勾勒出帽子的大致轮廓。然后降低"草稿"图层的不透明度,新建"线稿"图层,用自然流畅的线条准确绘制出帽子的线稿,并关闭"草稿"图层的可见性。最后新建"上色"图层组,分图层依次绘制出帽子的底色、明暗变化等,完成绘制。

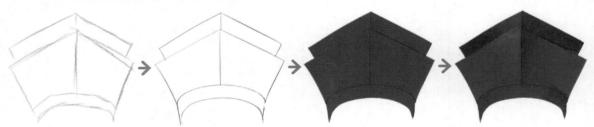

Step 10　新建"中衣和鞋子底色"图层组，选择色卡为"435265"（█）、"f5f5f5"（ ）的颜色，分图层绘制出中衣的底色。选择色卡为"5d362f"（█）的颜色绘制出鞋子的底色。

Step 11　新建"中衣和鞋子细化"图层组，选择色卡为"28374c"（█）、"351c17"（█）、"cfcfcf"（ ）的颜色，分图层刻画服饰剩余部分的明暗关系。最后调整并完善整体画面，完成绘制。

● 局部细化 1

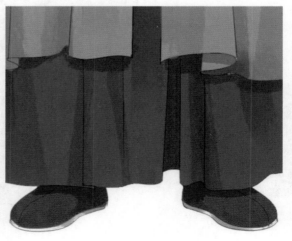

● 局部细化 2

10.5 喜服的画法

　　宋代的喜服承唐制，女婚服多为凤冠霞帔，以青色调为主。整体效果给人以精致、华丽的感觉。接下来针对宋代喜服的画法进行讲解。

❶ 绘制要点

　　（1）注意把握好局部细节的刻画，如五官、纹饰等。

　　（2）注意把握好服饰的层次关系和整体色调的和谐、统一。

胸部服饰的透视关系要准确。

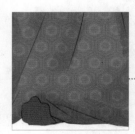

注意把握好纹饰与整体画面的比例关系。

服装袖口部分可以增添层次效果。

2 绘制步骤

Step 01 打开 Photoshop 软件，执行"文件"→"新建"命令，弹出"新建"对话框。新建"草稿"图层，选择"铅笔"画笔工具（ : ），选择色卡为"212121"（■）的颜色，勾勒出人物的大致轮廓。

Step 02 把"草稿"图层的透明度降低到 35% 左右，新建"线稿"图层，选择"硬边圆压力不透明度"画笔工具（●）并把画笔的大小设置为 2 像素，用黑色"000000"（■）在草稿的基础上准确绘制出人物面部和头饰的线稿。

Step 03 绘制出裹胸和外衣的线条，注意把握好线条的节奏感，结构要交代清楚。

| 头部线稿的绘制技巧 |

Step 04　绘制出长裙、鞋子、腰饰等剩余部分服饰的线条，注意把握好线条的遮挡关系。

Step 05　关闭"草稿"图层的可见性，让线稿更加清晰。然后调整并完善整体画面，完成线稿的绘制。

Step 06　新建"面部刻画"图层组，选择"晕染水墨"画笔工具（），选择色卡为"ebd1c9"（■）、"dda596"（■）、"2f2621"（■）、"b03317"（■）、"6e181b"（■）、"fa7b72"（■）的颜色，分图层绘制出皮肤的底色、暗部，并刻画五官的细节等。

| 长裙局部的绘制技巧 |

| 五官的上色技巧 |

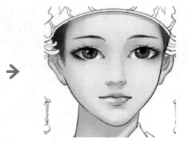

Step 07 新建"头饰上色"图层组，选择色卡为"912f2c"（■）、"f29d30"（■）、"f9e254"（■）、"d6c4c4"（■）、"f8e0a0"（■）的颜色，分图层绘制出头饰的颜色，注意把握好色彩的搭配和明暗变化。

Step 08 新建"外衣底色"图层组，选择色卡为"a6a056"（■）、"784d7a"（■）、"847aac"（■）的颜色，分别给外衣的各部分绘制出底色。

Step 09 新建"外衣细化"图层组，选择色卡为"726b1a"（■）、"5d4d96"（■）、"956f96"（■）、"635883"（■）、"847aae"（■）的颜色，分图层绘制出外衣底色各部分的明暗变化。

| 凤冠的绘制技巧 |

　　首先新建"草稿"图层，选择"铅笔"画笔工具勾勒出凤冠的大致轮廓。然后降低"草稿"图层的不透明度，新建"线稿"图层，用自然流畅的线条准确绘制出凤冠的线稿，并关闭"草稿"图层的可见性。最后新建"上色"图层组，分图层依次绘制出凤冠的底色、明暗变化等，完成绘制。

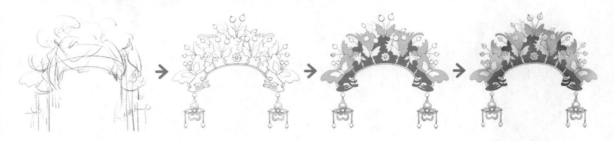

Step 10 新建"中衣底色"图层组，选择色卡为"5a8d90"（■）、"bce3de"（■）、"e9c97c"（■）、"f1f1f1"（■）的颜色，分图层绘制出中衣各部分的底色。

Step 11 新建"中衣明暗"图层组，选择色卡为"3c6c6e"（■）、"64a297"（■）、"95c4be"（■）、"cbcbcb"（■）、"bea555"（■）的颜色，分图层绘制出中衣各部分的暗部和亮部颜色，注意把握好色彩的层次变化。

Step 12 新建"腰饰和鞋子上色"图层组，选择色卡为"eaf4f6"（   ）、"abb9ba"（■）、"6f3a44"（■）的颜色，分别绘制出腰饰、鞋子等剩余部分的颜色。

Step 13 新建"服饰纹样"图层组，选择"10.2.8 八搭晕纹饰""10.2.1 牡丹纹饰""10.2.10 盘球纹饰""10.2.4 龟背纹饰""10.2.2 联珠狩猎纹饰"并分别复制到此图层组，根据需要确定纹样的分布位置和大小，并调整好透视与转折关系，完成绘制。

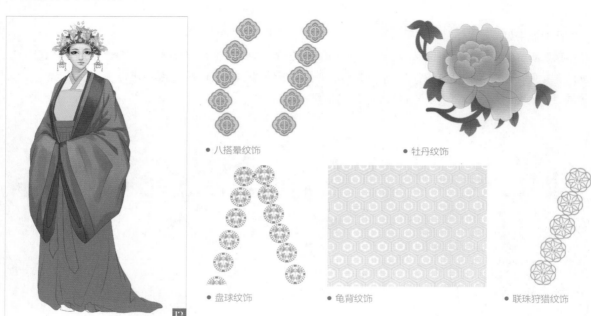

● 八搭晕纹饰

● 牡丹纹饰

● 盘球纹饰

● 龟背纹饰

● 联珠狩猎纹饰

元朝服饰的表现

◎ **本章主要内容**

本章主要介绍元朝服饰的服饰特征、常见纹饰、男子服饰的画法、女子服饰的画法、军服的画法等。

11.1 服饰特征

元朝服饰充分体现了当时中国民族融合的特点，主要以长袍为主，服饰多半简单、朴素。较为典型的服饰特征有罟罟冠、笠子帽、衣长拖地等。下面针对元朝不同的服饰特征进行详细介绍。

11.1.1 罟罟冠

罟罟冠是很多民族已婚妇女的冠饰，是蒙古族典型的服饰，具有很深的文化内涵。

11.1.2 笠子帽

笠子帽是元朝时期一种比较特别的冠饰。

11.1.3 衣长拖地

衣长拖地是元朝贵族女子服饰常见的一种特征，例如，该时期贵族女子穿着的团衫，袍式宽肥，衣长拖地。

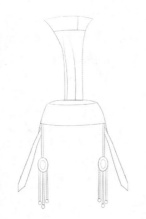

● 罟罟冠

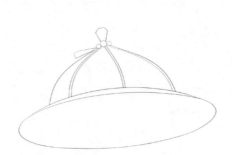

● 笠子帽

● 衣长拖地

II.2 常见纹饰

元朝是中国历史上民族融合的一个时期，该时期的服饰纹饰也颇有特色，既继承了前朝的装饰艺术传统，也引入了少数西域图案的精髓。下面针对元朝时期著名的虎纹饰、金花飞鸟纹饰等纹样的绘制进行讲解。

II.2.1 虎纹饰

| 虎纹饰的绘制技巧 |

首先新建"底色"图层，选择"硬边圆压力不透明度"画笔工具，绘制出虎纹饰头部的图形。接着新建"局部细节"图层组，根据虎纹饰的特征分图层绘制出剩余部分的具体造型，完成绘制。

II.2.2 金花飞鸟纹饰

| 金花飞鸟纹饰的绘制技巧 |

首先新建"底色"图层，选择"硬边圆压力不透明度"画笔工具，绘制出金花飞鸟纹饰中心部分的图形。接着新建"局部细节"图层组，根据金花飞鸟纹饰的特征分图层绘制出剩余部分的具体造型，完成绘制。

II.3 女子服饰的画法

学习了元朝时期服饰的基本特征和常见纹饰的画法之后，接下来针对女子服饰的画法进行讲解，如襦裙半袖、团衫等。

II.3.1 襦裙半袖

● 襦裙半袖正面效果

● 襦裙半袖反面效果

● 襦裙半袖上身效果

1 绘制要点

（1）注意把握好服饰纹理、褶皱的穿插关系。

（2）无论是线稿还是上色都要遵循从局部入手依次深入刻画的原则。

注意褶皱的走向是根据衣服的受力作用来表现的。

在绘制亮部和暗部时光源要统一。

注意要把服饰之间的投影画出来。

2 绘制步骤

Step 01 打开 Photoshop 软件，执行"文件"→"新建"命令，弹出"新建"对话框。新建"线稿"图层，选择"硬边圆压力不透明度"画笔工具（●），并把画笔的大小设置为 2 像素，用黑色"000000"（■）勾勒出人物头部的线稿。

Step 02 绘制出人物上半身服饰的线条，如衣领、肩部、衣袖等。

01

02

Step 03 绘制出下半身剩余部分服饰的线条，调整并完善局部细节，完成线稿的绘制。

Step 04 新建"头部上色"图层组，选择"硬边圆压力不透明度"画笔工具（●），选择色卡为"f1d6c5"（■）、"170f0f"（■）、"cd1318"（■）的颜色，给皮肤、头发和头饰的上色。

Step 05 新建"头部明暗关系"图层组，选择"晕染水墨"画笔工具（✎）、选择色卡为"c4958b"（■）、"211715"（■）的颜色，分图层绘制出皮肤的明暗变化和眼睛。

Step 06 新建"服饰上色"图层组，选择"硬边圆压力不透明度"画笔工具（●），选择色卡为"bacdd3"（■）、"97967a"（■）、"bebeb2"（■）、"d02d1a"（■）、"6d443e"（■）、"f5e295"（■）的颜色，绘制出服饰的颜色。

| 头部的上色技巧 |

　　首先新建"线稿"图层，选择"硬边圆压力不透明度"画笔工具绘制出头部的线稿。接着新建"底色"图层，分图层绘制出皮肤、头发等各部分的底色。然后新建"晕染"图层，选择"柔边圆压力不透明度"画笔工具分别绘制出各部分的明暗变化，并刻画局部细节，完成绘制。

　　首先新建"线稿"图层，选择"硬边圆压力不透明度"画笔工具绘制出手部的线稿。接着新建"底色"图层，绘制出手部的底色。然后新建"晕染"图层，选择"柔边圆压力不透明度"画笔工具绘制出手部的明暗变化，并刻画局部细节，完成绘制。

Step 07　选择色卡为"ff4753"（■）、"d4a33d"（■）的颜色绘制出服饰花纹部分的底色。

Step 08　新建"服饰明暗关系"图层组，选择"晕染水墨"画笔工具（✑），选择色卡为"381712"（■）、"7b98a0"（■）、"919280"（■）、"6c6a44"（■）、"942619"（■）、"ccb977"（■）的颜色，分图层绘制出服饰的暗部。最后调整并完善局部细节，完成绘制。

07

08

● 服饰花纹

II.3.2 团衫

　　团衫是元朝贵族女子穿着的服饰，款式宽肥，衣长拖地。接下来针对元朝团衫正反面及上身的效果进行展示。

● 团衫正面效果

● 团衫反面效果

● 团衫上身效果

1 绘制要点

（1）注意把握好服饰纹理、褶皱的穿插关系。

（2）无论是线稿还是上色都要遵循从局部入手依次深入刻画的原则。

绘制正面时，要注意脸的对称性。

注意将衣服的投影画出来，这样才能拉开空间，塑造层次感。

通过画出衣服的阴影来表现衣服的立体感。

2 绘制步骤

Step 01 打开 Photoshop 软件，执行"文件"→"新建"命令，弹出"新建"对话框。新建"线稿"图层，选择"硬边圆压力不透明度"画笔工具（●），并把画笔的大小设置为 2 像素，用黑色"000000"（■）勾勒出人物头部的线稿。

Step 02 绘制出人物上半身服饰的线条，如衣领、肩部、衣袖等。

01

02

Step 03 绘制出下半身剩余部分服饰的线条，调整并完善局部细节，完成线稿的绘制。

Step 04 新建"头部上色"图层组，选择"硬边圆压力不透明度"画笔工具（●），选择色卡为"f3ded3"（▨）、"352526"（■）的颜色绘制出皮肤和眼睛的底色。

Step 05 新建"头部明暗关系"图层组，选择"晕染水墨"画笔工具（✎），选择色卡为"d4aa9f"（▨）的颜色，分图层绘制出皮肤的明暗变化。

Step 06 新建"服饰上色"图层组，选择"硬边圆压力不透明度"画笔工具（●），选择色卡为"ae2c1f"（■）、"212121"（■）的颜色绘制出头饰的底色。

　　首先新建"线稿"图层，选择"硬边圆压力不透明度"画笔工具绘制出头部的线稿。接着新建"底色"图层，分图层绘制出皮肤、头发等各部分的底色。然后新建"晕染"图层，选择"柔边圆压力不透明度"画笔工具分别绘制出各部分的明暗变化，并刻画局部细节，完成绘制。

Step 07　选择色卡为"de495d"（■）、"242223"（■）的颜色绘制出服饰的底色。

Step 08　新建"服饰明暗关系"图层组，选择"晕染水墨"画笔工具（🖌），选择色卡为"b72e40"（■）、"483838"（■）的颜色，分图层绘制出服饰的暗部。最后调整并完善局部细节，完成绘制。

07

08

Ⅱ.4 男子服饰的画法

学习了元朝女子服饰的画法之后，接下来针对男子服饰的画法进行讲解，如公服、常服等。

Ⅱ.4.1 公服

公服是古代官员在办公、拜见、参加婚礼时穿着的一种服饰。接下来将针对元朝时期公服的正反面及上身效果进行展示。

● 公服正面效果

● 公服反面效果

● 公服上身效果

（1）注意把握好服饰纹理、褶皱的穿插关系。

（2）无论是线稿还是上色都要遵循从局部入手依次深入刻画的原则。

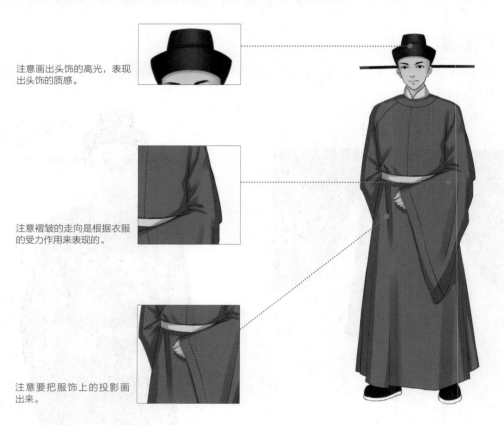

注意画出头饰的高光，表现出头饰的质感。

注意褶皱的走向是根据衣服的受力作用来表现的。

注意要把服饰上的投影画出来。

② 绘制步骤

Step 01 打开 Photoshop 软件，执行"文件"→"新建"命令，弹出"新建"对话框。新建"线稿"图层，选择"硬边圆压力不透明度"画笔工具（●），并把画笔的大小设置为2像素，用黑色"000000"（■）勾勒出人物头部的线稿。

Step 02 绘制出人物上半身服饰的线稿，如衣领、肩部、衣袖等。

01

02

Step 03 绘制出下半身剩余部分服饰的线稿，调整并完善局部细节，完成线稿的绘制。

Step 04 新建"头部上色"图层组，选择"硬边圆压力不透明度"画笔工具（●），选择色卡为"f3dacf"（▭）、"201410"（■）的颜色，绘制出皮肤和眼睛的底色。

Step 05 新建"头部明暗关系"图层组，选择"晕染水墨"画笔工具（✎），选择色卡为"d4a296"（▭）的颜色，分图层绘制出皮肤的明暗变化。

Step 06 新建"服饰上色"图层组，选择"硬边圆压力不透明度"画笔工具（●），选择色卡为"221817"（■）、"ce3d42"（▭）的颜色绘制出服饰的底色。

　　首先新建"线稿"图层，选择"硬边圆压力不透明度"画笔工具绘制出头部的线稿。接着新建"底色"图层，分图层绘制出皮肤、头发等各部分的底色。然后新建"晕染"图层，选择"柔边圆压力不透明度"画笔工具分别绘制出各部分的明暗变化，并刻画局部细节，完成绘制。

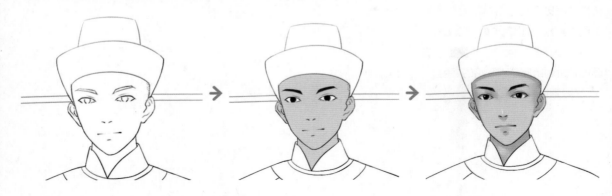

Step 07 　新建"服饰明暗关系"图层组，选择"晕染水墨"画笔工具（🖌），选择色卡为"4b4243"（■）的颜色绘制出头饰的亮部。

Step 08 　选择色卡为"87282c"（■）的颜色，分图层绘制出服饰的暗部。最后调整并完善局部细节，完成绘制。

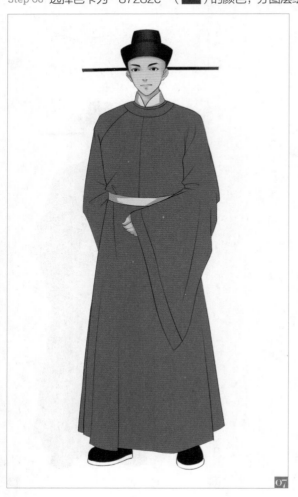

II.4.2 常服

　　常服是古代平民百姓，文武百官等社会各阶层的人在一般场合均可穿着的服饰。接下来针对元朝时期常服的正反面及上身效果进行展示。

● 常服正面效果

● 常服反面效果

● 常服上身效果

■ 绘制要点

（1）注意把握好服饰纹理、褶皱的穿插关系。

（2）无论是线稿还是上色都要遵循从局部入手依次深入刻画的原则。

注意绘制正脸时要把握好五官的对称和协调。

注意褶皱的走向是根据衣服的受力作用来表现的。

注意在绘制亮部和暗部时光源要统一。

2 绘制步骤

Step 01 打开 Photoshop 软件，执行"文件"→"新建"命令，弹出"新建"对话框。新建"线稿"图层，选择"硬边圆压力不透明度"画笔工具（●）并把画笔的大小设置为 2 像素，用黑色"000000"（■）勾勒出人物头部的线稿。

Step 02 绘制出人物上半身服饰的线条，如衣领、肩部、衣袖等。

Step 03 绘制出下半身服饰的线条，调整并完善局部细节，完成线稿的绘制。

Step 04 新建"头部上色"图层组，选择"硬边圆压力不透明度"画笔工具（●），选择色卡为"f4eae1"（■）、"010100"（■）的颜色绘制出皮肤和眼睛的底色。

Step 05 新建"头部明暗关系"图层组，选择"晕染水墨"画笔工具（●），选择色卡为"c09c8e"（■）的颜色，分图层绘制出皮肤的明暗变化。

Step 06 新建"服饰上色"图层组，选择"硬边圆压力不透明度"画笔工具（●），选择色卡为"96452a"（█）、"ba332f"（█）、"c38d67"（█）、"e8ca96"（█）、"6d5a56"（█）、"743337"（█）、"e18c53"（█）、"abccd3"（█）、"5d9faf"（█）的颜色绘制出服饰的底色。

Step 07 新建"服饰明暗关系"图层组，选择"晕染水墨"画笔工具（🖌），选择色卡为"b69464"（█）的颜色绘制出头饰的暗部。

Step 08 选择色卡为"58272a"（█）、"a35a31"（█）、"4b3331"（█）的颜色，分图层绘制出服饰的暗部。最后调整并完善局部细节，完成绘制。

06

07

08

II.5 军服的画法

学习了元朝时期男子服饰的画法之后，接下来针对军服的画法进行讲解。

军服是士兵、军官穿着的服饰。下面对元朝时期军服的正反面及上身效果进行展示。

● 军服正面效果

● 军服反面效果

● 军服上身效果

1 绘制要点

（1）注意把握好服饰纹理、褶皱的穿插关系。

（2）无论是线稿还是上色都要遵循从局部入手依次深入刻画的原则。

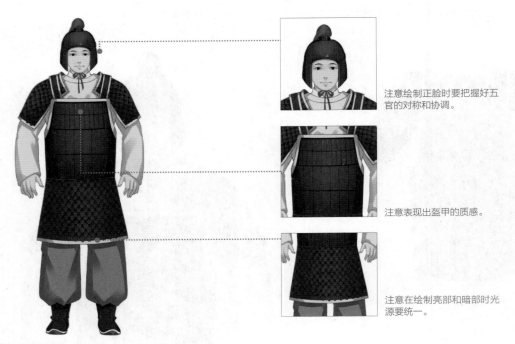

注意绘制正脸时要把握好五官的对称和协调。

注意表现出盔甲的质感。

注意在绘制亮部和暗部时光源要统一。

2 绘制步骤

Step 01 打开 Photoshop 软件，执行"文件"→"新建"命令，弹出"新建"对话框。新建"线稿"图层，选择"硬边圆压力不透明度"画笔工具（●）并把画笔的大小设置为 2 像素，用黑色"000000"（■）勾勒出人物头部的线稿。

Step 02 绘制出人物上半身服饰的线条，如衣领、肩部、衣袖等。

Step 03 绘制出下半身服饰的线条，调整并完善局部细节，完成线稿的绘制。

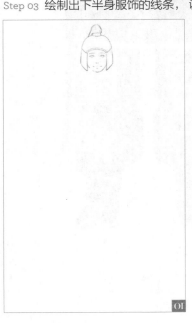

百媚千红 古风CG插画绘制技法精解（服饰篇）

Step 04 新建"头部上色"图层组,选择"硬边圆压力不透明度"画笔工具(●),选择色卡为"060407"(■)、"ecd5cd"(▨)、"c9333c"(■)的颜色绘制出头部皮肤、眼睛和头饰的底色。

Step 05 新建"头部明暗关系"图层组,选择"晕染水墨"画笔工具(🖌),选择色卡为"c99c97"(▨)的颜色分图层绘制出皮肤的明暗变化。

Step 06 新建"服饰上色"图层组,选择"硬边圆压力不透明度"画笔工具(●),选择色卡为"222038"(■)、"888687"(■)、"442d33"(■)、"211f35"(■)、"542a36"(■)、"e6dfcf"(▨)的颜色绘制出服饰的底色。

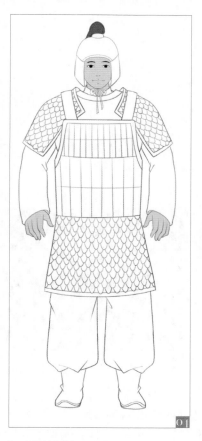
01

05

06

| 手的绘制技巧 |

　　首先新建"线稿"图层,选择"硬边圆压力不透明度"画笔工具绘制出手部的线稿。接着新建"底色"图层,绘制出手部的底色。然后新建"晕染"图层,选择"柔边圆压力不透明度"画笔工具绘制出手部的明暗层次变化,并刻画局部细节,完成绘制。

 →  →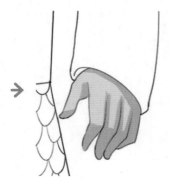

Step 07　新建"服饰明暗关系"图层组，选择"晕染水墨"画笔工具（🖌），选择色卡为"444355"（■）、
"6a4c54"（■）的颜色绘制出服饰的亮部。

Step 08　选择色卡为"59576c"（■）、"2d1e23"（■）、"595758"（■）、"808080"（■）
的颜色分图层绘制出服饰的暗部。最后调整并完善局部细节，完成绘制。

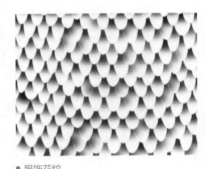

● 服饰花纹

| 盔甲的绘制技巧 |

　　首先新建"线稿"图层，选择"硬边圆压力不透明度"画笔工具绘制出盔甲的线稿。接着新建"底色"图层，
绘制出盔甲的底色。然后新建"晕染"图层，选择"柔边圆压力不透明度"画笔工具绘制出盔甲的明暗层次变化，
并刻画局部细节，完成绘制。

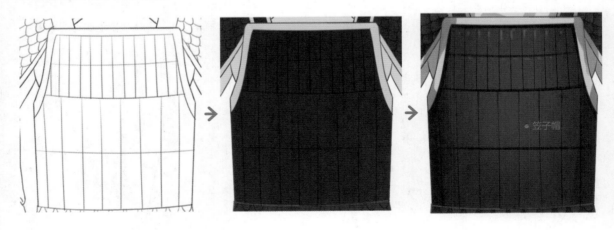

明朝服饰的表现

◎ **本章主要内容**

本章主要介绍了明朝服饰的服饰特征、常见纹饰、文官补子、武官补子、吉祥图案、女子服饰的画法以及男子服饰的画法等。

12.1 服饰特征

在中国古代的服饰发展中，明朝时期的服饰历史深厚，属于汉服体系，这一时期显著的特点是纽扣成为主要系结物之一，这个朝代服饰较为典型的服饰特征有大襟、斜领、袖子宽松等。下面针对不同的服饰特征进行详细介绍。

12.1.1 大襟

大襟是明朝服饰的一种特征，指的是上衣或袍子的纽扣偏在一侧，一般类似于右衽，从左侧到右侧，盖住底衣襟。

12.1.2 斜领

斜领指的是衣服的领角左右不对称，是比较传统的衣领开口。

12.1.3 袖子宽松

袖子宽松指的是上衣的袖口宽松，便于手臂活动。

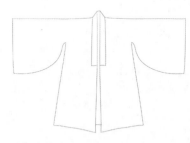

• 大襟　　　　• 斜领　　　　• 袖子宽松

12.2 常见纹饰

明朝时期的服饰纹饰要求美与内容吉利的统一，是我国服饰艺术的特色。图案利用象征、比拟、寓意、表号、谐意、文字等方法表达思想含义。其中，有利用几何形状作为基础设计的纹饰，有以动物纹为基础设计的纹饰，也有自然气象纹、器物纹饰等。下面针对明朝时期著名的编绣龙纹补、织锦斗牛纹补、孔雀纹饰等纹饰的表现进行讲解。

12.2.1　编绣龙纹补

| 编绣龙纹补的绘制技巧 |

　　首先新建"线稿"图层，选择"硬边圆压力不透明度"画笔工具准确绘制出编绣龙纹补的线稿。接着新建"上色"图层组，分图层依次绘制出编绣龙纹补的底色。然后再一步一步刻画细节，丰富花纹的层次感，完成绘制。

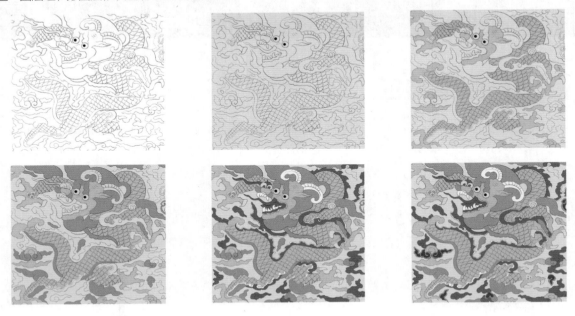

12.2.2　织锦斗牛纹补

| 织锦斗牛纹补的绘制技巧 |

　　首先新建"线稿"图层，选择"硬边圆压力不透明度"画笔工具准确绘制出织锦斗牛纹补的线稿。接着新建"上色"图层组，分图层依次绘制出织锦斗牛纹补的底色。然后再一步一步刻画细节，丰富花纹的层次感，完成绘制。

百媚千红　古风CG插画绘制技法精解（服饰篇）

12.2.3 灯笼景刺绣圆补

| 灯笼景刺绣圆补的绘制技巧 |

　　首先新建 "线稿"图层，选择"硬边圆压力不透明度"画笔工具准确绘制出灯笼景刺绣圆补的线稿。接着新建"上色"图层组，分图层依次绘制出灯笼景刺绣圆补的底色。然后再一步一步刻画细节，丰富花纹的层次感，完成绘制。

12.2.4 鹭鸶纹缂丝方补

| 鹭鸶纹缂丝方补的绘制技巧 |

　　首先新建 "线稿"图层，选择"硬边圆压力不透明度"画笔工具准确绘制出鹭鸶纹缂丝方补的线稿。接着新建"上色"图层组，分图层依次绘制出鹭鸶纹缂丝方补的底色。然后再一步一步刻画细节，丰富花纹的层次感，完成绘制。

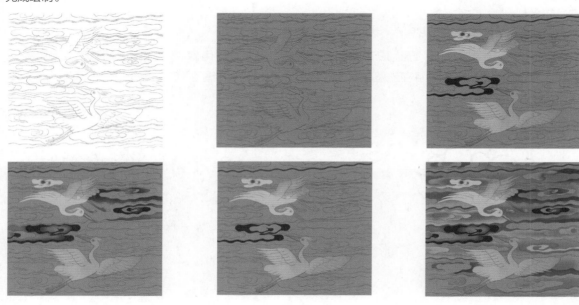

12.2.5 孔雀纹饰

| 孔雀纹饰的绘制技巧 |

　　首先新建"底色"图层,选择"硬边圆压力不透明度"画笔工具,绘制出孔雀纹饰头部部分的图形。接着新建"局部细节"图层组,根据孔雀纹饰的特征分图层绘制出剩余部分花纹的具体造型,完成绘制。

12.2.6 喜鹊纹饰

| 喜鹊纹饰的绘制技巧 |

　　首先新建"底色"图层,选择"硬边圆压力不透明度"画笔工具,绘制出喜鹊纹饰头部部分的图形。接着新建"局部细节"图层组,根据孔雀纹饰的特征分图层绘制出剩余部分花纹的具体造型,完成绘制。

12.2.7 麒麟纹饰

| 麒麟纹饰的绘制技巧 |

　　首先新建"底色"图层,选择"硬边圆压力不透明度"画笔工具,绘制出麒麟纹饰头部部分的图形。接着新建"局部细节"图层组,根据麒麟饰的特征分图层绘制出剩余部分花纹的具体造型,完成绘制。

12.2.8　鹿纹饰

| 鹿纹饰的绘制技巧 |

　　首先新建"底色"图层,选择"硬边圆压力不透明度"画笔工具,绘制出鹿纹饰头部部分的图形。接着新建"局部细节"图层组,根据鹿纹饰的特征分图层绘制出剩余部分花纹的具体造型,完成绘制。

12.2.9　稻穗纹饰

| 稻穗纹饰的绘制技巧 |

　　首先新建"底色"图层,选择"硬边圆压力不透明度"画笔工具,绘制出稻穗纹饰左边部分的图形。接着新建"局部细节"图层组,根据稻穗纹饰的特征分图层绘制出剩余部分花纹的具体造型,完成绘制。

12.2.10　方胜纹饰

| 方胜纹饰的绘制技巧 |

　　首先新建"底色"图层,选择"硬边圆压力不透明度"画笔工具,绘制出方胜纹饰左边部分的图形。接着新建"局部细节"图层组,根据方胜纹饰的特征分图层绘制出剩余部分花纹的具体造型,完成绘制。

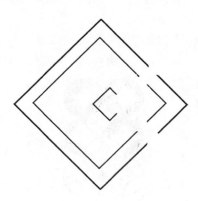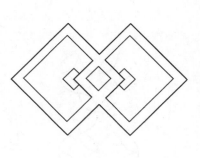

12.2.11 柿蒂纹饰

| 柿蒂纹饰的绘制技巧 |

先新建"底色"图层，选择"硬边圆压力不透明度"画笔工具，绘制出柿蒂纹饰中心部分的图形。接着新建"局部细节"图层组，根据柿蒂纹饰的特征分图层绘制出剩余部分花纹的具体造型，完成绘制。

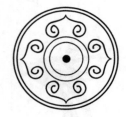

12.2.12 云雷纹饰

| 云雷纹饰的绘制技巧 |

首先新建"底色"图层，选择"硬边圆压力不透明度"画笔工具，绘制出云雷纹饰同心圆的图形。接着新建"局部细节"图层组，根据云雷纹饰的特征分图层绘制出剩余部分花纹的具体造型，完成绘制。

12.2.13 水波纹饰

| 水波纹饰的绘制技巧 |

首先新建"底色"图层，选择"硬边圆压力不透明度"画笔工具，绘制出水波纹饰波纹的图形。接着新建"局部细节"图层组，根据水波纹饰的特征分图层绘制出剩余部分花纹的具体造型，完成绘制。

12.2.14 毬路纹饰

| 毬路纹饰的绘制技巧 |

首先新建"底色"图层，选择"硬边圆压力不透明度"画笔工具，绘制出毬路纹饰的外轮廓。接着新建"局部细节"图层组，根据毬路纹饰的特征分图层绘制出剩余部分花纹的具体造型，完成绘制。

12.2.15　四合如意云纹饰

| 四合如意云纹饰的绘制技巧 |

　　首先新建"底色"图层，选择"硬边圆压力不透明度"画笔工具，绘制出四合如意云纹饰左边云状的纹样。接着新建"局部细节"图层组，根据四合如意云纹饰的特征分图层绘制出剩余部分花纹的具体造型，完成绘制。

12.2.16　盘绦纹饰

| 盘绦纹饰的绘制技巧 |

　　首先新建"底色"图层，选择"硬边圆压力不透明度"画笔工具，绘制出盘绦纹饰环状的纹样。接着新建"局部细节"图层组，根据盘绦纹饰的特征分图层绘制出剩余部分花纹的具体造型，完成绘制。

  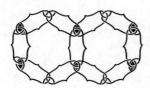

12.3　文官补子

　　补子是明朝时期常绣于常服的禽兽纹样，用于区分品级的标志。文官补子则是文官官服上用来标志品级的图案。

12.3.1　一品文官仙鹤

| 一品文官仙鹤的绘制技巧 |

　　首先新建"线稿"图层，选择"硬边圆压力不透明度"画笔工具，绘制出一品文官仙鹤的线稿。然后新建"底色"图层，绘制出仙鹤部分的图形。接着新建"局部细节"图层组，根据一品文官仙鹤的特征分图层绘制出剩余部分花纹的具体造型，完成绘制。

12.3.2 二品文官锦鸡

| 二品文官锦鸡的绘制技巧 |

　　首先新建"线稿"图层，选择"硬边圆压力不透明度"画笔工具，绘制出二品文官锦鸡的线稿。然后新建"底色"图层，绘制出锦鸡部分的图形。接着新建"局部细节"图层组，根据二品文官锦鸡的特征分图层绘制出剩余部分花纹的具体造型，完成绘制。

12.3.3 三品文官孔雀

| 三品文官孔雀的绘制技巧 |

　　首先新建"线稿"图层，选择"硬边圆压力不透明度"画笔工具，绘制出三品文官孔雀的线稿。然后新建"底色"图层，绘制出孔雀部分的图形。接着新建"局部细节"图层组，根据三品文官孔雀的特征分图层绘制出剩余部分花纹的具体造型，完成绘制。

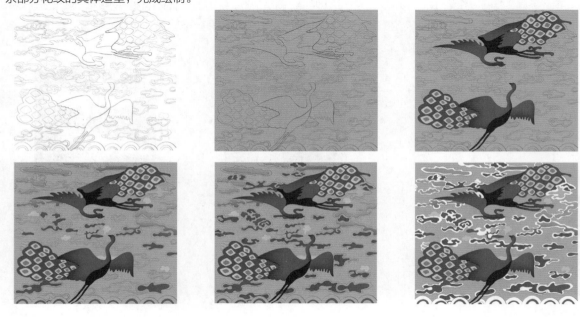

百媚千红　古风CG插画绘制技法精解（服饰篇）

12.3.4 四品文官云雁

| 四品文官云雁的绘制技巧 |

　　首先新建"线稿"图层，选择"硬边圆压力不透明度"画笔工具，绘制出四品文官云雁的线稿。然后新建"底色"图层，绘制出云雁部分的图形。接着新建"局部细节"图层组，根据四品文官云雁的特征分图层绘制出剩余部分花纹的具体造型，完成绘制。

12.3.5 五品文官白鹇

| 五品文官白鹇的绘制技巧 |

　　首先新建"线稿"图层，选择"硬边圆压力不透明度"画笔工具，绘制出五品文官白鹇的线稿。然后新建"底色"图层，绘制出白鹇部分的图形。接着新建"局部细节"图层组，根据五品文官白鹇的特征分图层绘制出剩余部分花纹的具体造型，完成绘制。

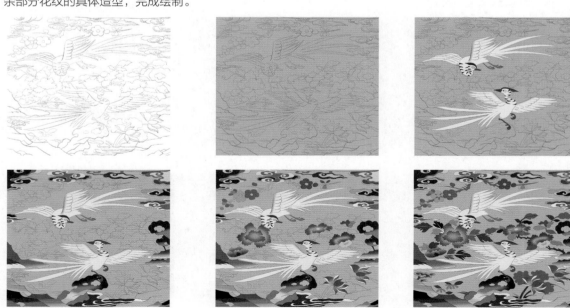

12.3.6　六品文官鹭鸶

| 六品文官鹭鸶的绘制技巧 |

　　首先新建"线稿"图层，选择"硬边圆压力不透明度"画笔工具，绘制出六品文官鹭鸶的线稿。然后新建"底色"图层，绘制出鹭鸶部分的图形。接着新建"局部细节"图层组，根据六品文官鹭鸶的特征分图层绘制出剩余部分花纹的具体造型，完成绘制。

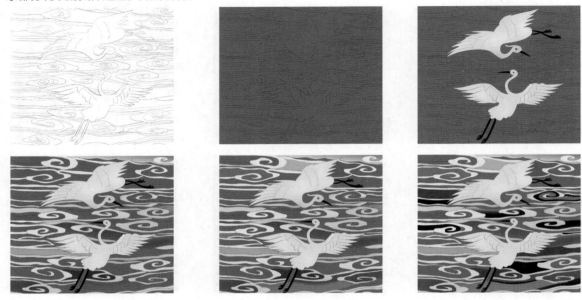

12.3.7　七品文官鸂鶒

| 七品文官鸂鶒的绘制技巧 |

　　首先新建"线稿"图层，选择"硬边圆压力不透明度"画笔工具，绘制出七品文官鸂鶒的线稿。然后新建"底色"图层，绘制出鸂鶒部分的图形。接着新建"局部细节"图层组，根据七品文官鸂鶒的特征分图层绘制出剩余部分花纹的具体造型，完成绘制。

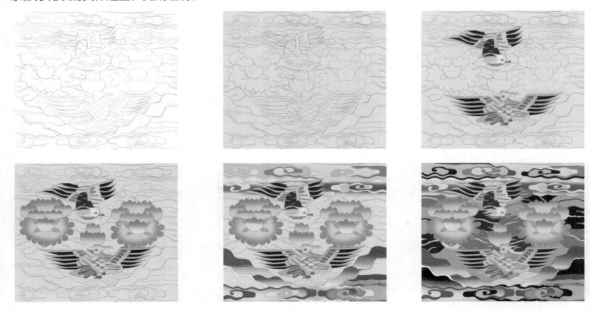

12.4 武官补子

武官补子是武官官服上用来标志品级的图案。接下来针对明朝时期常见的武官补子的绘制技巧进行讲解。

12.4.1 一品、二品武官狮子

| 一品、二品武官狮子的绘制技巧 |

首先新建"线稿"图层，选择"硬边圆压力不透明度"画笔工具，绘制出一品、二品武官狮子的线稿。然后新建"底色"图层，绘制出狮子部分的图形。接着新建"局部细节"图层组，根据一品、二品武官狮子的特征分图层绘制出剩余部分花纹的具体造型，完成绘制。

12.4.2 三品武官虎

| 三品武官虎的绘制技巧 |

首先新建"线稿"图层，选择"硬边圆压力不透明度"画笔工具，绘制出三品武官虎的线稿。然后新建"底色"图层，绘制出虎的图形。接着新建"局部细节"图层组，根据三品武官虎的特征分图层绘制出剩余部分花纹的具体造型，完成绘制。

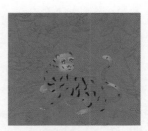

12.4.3　五品武官熊罴

| 五品武官熊罴的绘制技巧 |

　　首先新建"线稿"图层，选择"硬边圆压力不透明度"画笔工具，绘制出五品武职熊罴的线稿。然后新建"底色"图层，绘制出熊罴的图形。接着新建"局部细节"图层组，根据五品武职熊罴的特征分图层绘制出剩余部分花纹的具体造型，完成绘制。

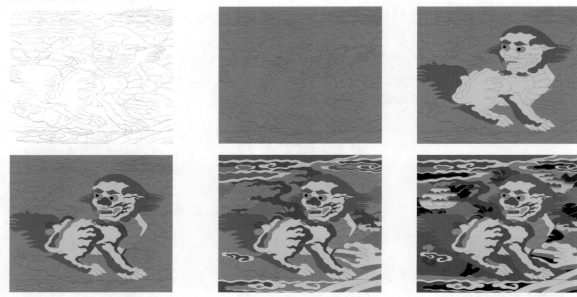

12.4.4　九品武官海马

| 九品武官海马的绘制技巧 |

　　首先新建"线稿"图层，选择"硬边圆压力不透明度"画笔工具，绘制出九品武官海马的线稿。然后新建"底色"图层，绘制出海马的图形。接着新建"局部细节"图层组，根据九品武官海马的特征分图层绘制出剩余部分花纹的具体造型，完成绘制。

百媚千红　古风CG插画绘制技法精解（服饰篇）

12.5 吉祥图案

在明朝时期，通过装饰图案反映意识形态的倾向性越来越强，利用象征、寓意、比拟、表号、谐意、文字等方法表达吉祥的内涵。

12.5.1 五福捧寿

| 五福捧寿的绘制技巧 |

首先新建"底色"图层，选择"硬边圆压力不透明度"画笔工具，绘制出五福捧寿中心部分的图形。接着新建"局部细节"图层组，根据五福捧寿的特征分图层绘制出外围部分花纹的具体造型，完成绘制。

12.5.2 龙凤呈祥

| 龙凤呈祥的绘制技巧 |

首先新建"底色"图层，选择"硬边圆压力不透明度"画笔工具，绘制出龙凤呈祥龙的图形。接着新建"局部细节"图层组，根据龙凤呈祥的特征分图层绘制出凤凰和龙轮廓的具体造型，完成绘制。

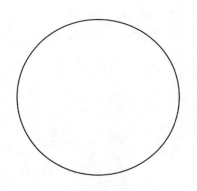

I2.5.3 喜上眉梢

　　首先新建"底色"图层，选择"硬边圆压力不透明度"画笔工具，绘制出喜上眉梢喜鹊的图形。接着新建"局部细节"图层组，根据喜上眉梢的特征分图层绘制出树枝的具体造型，完成绘制。

I2.5.4 松鹤延年

| 松鹤延年的绘制技巧 |

　　首先新建"底色"图层，选择"硬边圆压力不透明度"画笔工具，绘制出松鹤延年的外轮廓。接着新建"局部细节"图层组，根据松鹤延年的特征分图层绘制出鹤和树枝及其他花纹的具体造型，完成绘制。

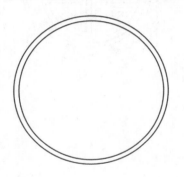  

I2.5.5 四季平安

| 四季平安的绘制技巧 |

　　首先新建"线稿"图层，选择"硬边圆压力不透明度"画笔工具，绘制出四季平安的线稿。接着新建"上色"图层组，分图层依次绘制出四季平安的底色。然后再一步一步刻画细节，丰富花纹的层次感，完成绘制。

百媚千红　古风CG插画绘制技法精解（服饰篇）

12.6 女子服饰的画法

学习了明朝时期服饰的常见纹样和吉祥图案之后，接下来针对女子服饰的画法进行讲解，如水田衣、翟衣等。

12.6.1 水田衣

水田衣，形如水田而得名，是明朝时期流行的一种服饰，是以各色碎布拼接起来的服装。接下来对明朝时期水田衣正反面及上身效果进行展示。

● 水田衣正面效果

● 水田衣反面效果

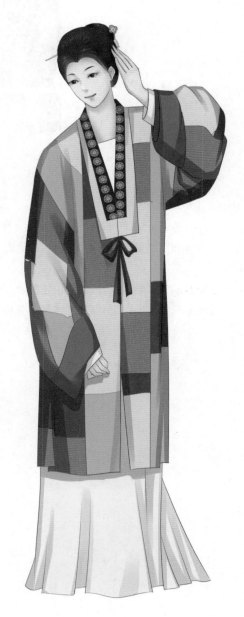

● 水田衣上身效果

1 绘制要点

（1）注意把握好服饰纹理褶皱的穿插关系。

（2）无论是线稿还是上色都要遵循从局部入手依次深入刻画的原则。

注意绘制亮部和暗部时要
把握好光源的统一。

注意褶皱的走向是根据衣
服受力作用表现的。

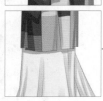

注意服饰之间的投影要画
出来。

2 绘制步骤

Step 01 打开 Photoshop 软件，执行"文件"→"新建"命令，弹出"新建"对话框。新建"线稿"图层，选择"硬边圆压力不透明度"画笔工具（●）并把画笔的大小设置为 2 像素，用黑色"000000"（■）勾勒出人物头部的线稿。

Step 02 绘制出人物上半身服饰的线条，如衣领、肩部、衣袖等。

Step 03 绘制出下半身剩余部分服饰的线条，调整并完善局部细节的刻画，完成线稿的绘制。

01

02

03

Step 04　新建"头部上色"图层组，选择"硬边圆压力不透明度"画笔工具（●），选择色卡为"f9e8db"（▢）、"322319"（■）、"2e1401"（■）的颜色绘制出头部皮肤、头发和眼睛的底色。

Step 05　新建"头部明暗关系"图层组，选择"晕染水墨"画笔工具（🖌），选择色卡为"e0ad9f"（▢）、"4c3b31"（■）的颜色分图层绘制出皮肤和头发的明暗变化。

Step 06　新建"服饰上色"图层组，选择"硬边圆压力不透明度"画笔工具（●），选择色卡为"d90008"（■）、"95c0d1"（▢）、"fedda7"（▢）、"e5562e"（■）、"5f4a37"（■）、"501d1c"（■）的颜色绘制出服饰的底色。

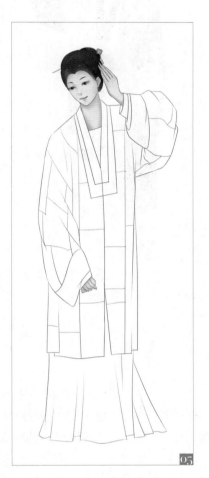

| 头部的上色技巧 |

　　首先新建"线稿"图层，选择"硬边圆压力不透明度"画笔工具绘制出头面的线稿。接着新建"底色"图层，分图层绘制出皮肤、头发等各部分的底色。然后新建"晕染"图层，选择"柔边圆压力不透明度"画笔工具分别绘制出各部分的明暗层次变化，并刻画局部细节，完成绘制。

Step 07 选择色卡为"e9f2e9"（　　）、"5f746f"（　　）的颜色绘制出服饰剩余部分的底色。

Step 08 新建"服饰明暗关系"图层组，选择"晕染水墨"画笔工具（🖌）, 选择色卡为"ffa541"（　　）、"ff684b"（　　）、"b79f79"（　　）、"361313"（　　）、"3e4c48"（　　）、"c0c7c0"（　　）的颜色分图层绘制出服饰的暗部。最后调整并完善局部细节，完成绘制。

07

08

| 花纹的绘制技巧 |

　　首先新建 "线稿"图层，选择"硬边圆压力不透明度"画笔工具准确绘制出花纹的线稿。接着新建"上色"图层，在"线稿"图层的基础上，绘制出花纹的底色，绘制花纹时，可以先画好其中一个花纹，再使用套索工具，选中画好的花纹，再执行"编辑"→"拷贝"→"粘贴"，"编辑"→"自由变换"的操作，改变复制出来的花纹的位置，依次反复执行上面的操作，就可以很方便快捷地画好衣服上的花纹，同时按住快捷键"Ctrl+D"也可以快速取消选区。最后，新建"明暗变化"图层，画出衣服的明暗变化，完成绘制。

12.6.2 翟衣

翟衣因其衣服上绣有翟鸟花纹而得名，是古代中国后妃的最高礼服，接下来对明朝时期翟衣正反面及上身
效果进行展示。

● 翟衣正面效果

● 翟衣反面效果

● 翟衣上身效果

（1）注意把握好服饰纹理褶皱的穿插关系。

（2）无论是线稿还是上色都要遵循从局部入手依次深入刻画的原则。

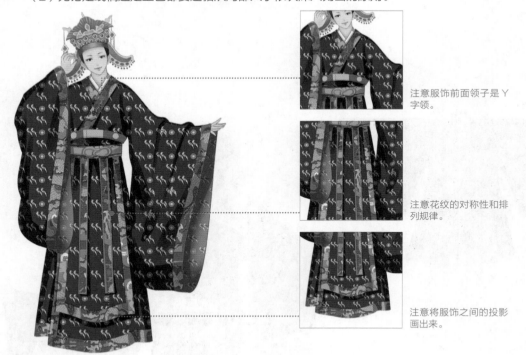

注意服饰前面领子是Y字领。

注意花纹的对称性和排列规律。

注意将服饰之间的投影画出来。

■ 绘制步骤

Step 01 打开 Photoshop 软件，执行"文件"→"新建"命令，弹出"新建"对话框。新建"线稿"图层，选择"硬边圆压力不透明度"画笔工具（●）并把画笔的大小设置为 2 像素，用黑色"000000"（■）勾勒出人物头部的线稿。

Step 02 绘制出人物上半身服饰的线条，如衣领、肩部、衣袖等。

Step 03 绘制出下半身剩余部分服饰的线条，调整并完善局部细节的刻画，完成线稿的绘制。

01

02

03

Step 04 新建"头部上色"图层组，选择"硬边圆压力不透明度"画笔工具（●），选择 色卡为"e68b84"（██）、"43302a"（██）、"efe760"（██）、"368cb4"（██）、"e3e2dc"（██）的颜色绘制出头部皮肤、头发和头饰的底色。

Step 05 新建"头部明暗关系"图层组，选 择"晕染水墨"画笔工具（🖌），选择色卡为"e7c5bb"（██）、"c7bf36"（██）、"231c19"（██）的颜色分图层绘制出皮肤和头饰的明暗变化和眼睛的底色。

Step 06 新建"服饰上色"图层组，选择"硬 边圆压力不透明度"画笔工具（●），选择色卡为"aaffd4"（██）、"608c73"（██）、"de3414"（██）、"314782"（██）的颜色绘制出服饰的底色。

| 头部的上色技巧 |

　　首先新建"线稿"图层，选择"硬边圆压力不透明度"画笔工具绘制出头面的线稿。接着新建"底色"图层，分图层绘制出皮肤、头发等各部分的底色。然后新建"晕染"图层，选择"柔边圆压力不透明度"画笔工具分别绘制出各部分的明暗层次变化。并刻画局部细节，完成绘制。

| 头冠的绘制技巧 |

　　首先新建 "线稿"图层，选择"硬边圆压力不透明度"画笔工具准确绘制出头冠的线稿。接着新建"上色"图层组，依次绘制出头冠主体部分的颜色。最后再绘制出珠帘部分的颜色，完成绘制。

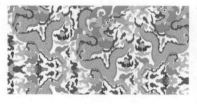

● 花纹 1

● 花纹 2

| 花纹的绘制技巧 |

　　首先新建 "线稿"图层，选择"硬边圆压力不透明度"画笔工具准确绘制出花纹的线稿。接着新建"上色"
图层，在"线稿"图层的基础上，绘制出花纹的底色，绘制花纹时，可以先画好其中一个花纹，再使用套索工具，
选中画好的花纹，再执行"编辑"→"拷贝"→"粘贴"，"编辑"→"自由变换"的操作，改变复制出来的
花纹位置，依次反复执行上面的操作，就可以很方便快捷地画好衣服上的花纹，同时按住快捷键"Ctrl+D"也
可以快速取消选区。最后，新建"明暗变化"图层，画出衣服的明暗变化，完成绘制。

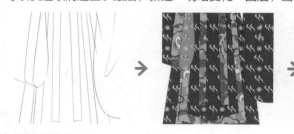
→

→

| 褶皱的绘制技巧 |

　　首先新建"线稿"图层，选择"硬边圆压力不透明度"画笔工具准确绘制出衣服的线稿。接着新建"上色"图层，
绘制出衣服的底色。最后，新建"明暗变化"图层，画出衣服的褶皱，绘制褶皱的时候注意根据受力作用表现，
完成绘制。

→

→

12.7 男子服饰的画法

学习了明朝时期女子服饰的画法之后，接下来针对男子服饰的画法进行讲解，如冕服、朝服等。

12.7.1 冕服

冕服是一种汉服服饰，是古代的一种礼服，冕服根据冕冠的不同划分为不同的等级。接下来针对明朝时期冕服正反面及上身效果进行展示。

● 冕服正面效果

● 冕服反面效果

● 冕服上身效果

① 绘制要点

（1）注意把握好服饰纹理褶皱的穿插关系。

（2）无论是线稿还是上色都要遵循从局部入手依次深入刻画的原则。

注意服饰前面领子是Y字领。

绘制花纹时要注意衣服的褶皱。

注意将服饰之间的投影画出来。

② 绘制步骤

Step 01　打开 Photoshop 软件，执行"文件"→"新建"命令，弹出"新建"对话框。新建"线稿"图层，选择"硬边圆压力不透明度"画笔工具（●）并把画笔的大小设置为 2 像素，用黑色"000000"（■）勾勒出人物头部的线稿。

Step 02　绘制出人物上半身服饰的线条，如衣领、肩部、衣袖等。

Step 03　绘制出下半身剩余部分服饰的线条，调整并完善局部细节的刻画，完成线稿的绘制。

Step 04 新建"头部上色"图层组，选择"硬边圆压力不透明度"画笔工具（●），选择色卡为"ffffff"（□）、
"ffdb60"（▨）、"f3dacf"（▨）、"33638d"（■）、"2c211c"（■）、"201410"（■）、
"ed3237"（■）的颜色绘制出头部皮肤、头发、眼睛和头饰的底色。

Step 05 新建"头部明暗关系"图层组，选择"晕染水墨"画笔工具（🖌），选择色 卡为"d4a296"（▨）的
颜色分图层绘制出皮肤的明暗变化。

Step 06 新建"服饰上色"图层组，选择"硬边圆压力不透明度"画笔工具（●），选择色卡为"b6fff8"（▨）、
"465f7d（■）、"3b2725"（■）、"c51b1b"（■）、"ff8843"（▨）的颜色绘制出服饰的底色。

| 头部的上色技巧 |

首先新建"线稿"图层，选择"硬边圆压力不透明度"画笔工具绘制出头面的线稿。接着新建"底色"图层，
分图层绘制出皮肤、头发等各部分的底色。然后新建"晕染"图层，选择"柔边圆压力不透明度"画笔工具分
别绘制出各部分的明暗层次变化，并刻画局部细节，完成绘制。

| 头冠的绘制技巧 |

首先新建 "线稿"图层，选择"硬边圆压力不透明度"画笔工具准确绘制出头冠的线稿。接着新建"上色"
图层组，依次绘制出头冠主体部分的颜色，最后再绘制出珠帘部分的颜色，完成绘制。

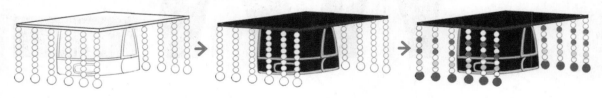

Step 07   选择色卡为"dac400"（■）、"ee291f"（■）、"ffffff"（□）、"dde5e8"（■）的颜色绘制出服饰剩余部分的底色。

Step 08   新建"服饰明暗关系"图层组，选择"晕染水墨"画笔工具（🖌），选择色卡为"8d1414"（■）、"b4602f"（■）、"241110"（■）的颜色分图层绘制出服饰的暗部。最后调整并完善局部细节，完成绘制。

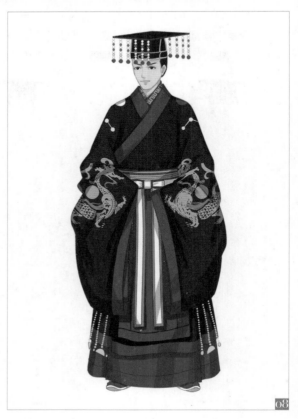

| 花纹的绘制技巧 |

　　首先新建 "线稿"图层，选择"硬边圆压力不透明度"画笔工具准确绘制出花纹的线稿。接着新建"上色"图层，在"线稿"图层的基础上，绘制出花纹的底色，绘制花纹时，可以先画好其中一个花纹，再使用套索工具，选中画好的花纹，再执行"编辑"→"拷贝"→"粘贴"，"编辑"→"自由变换"的操作，改变复制出来的花纹位置，依次反复执行上面的操作，就可以很方便快捷地画好衣服上的花纹，同时按住快捷键"Ctrl+D"也可以快速取消选区，最后，新建"明暗变化"图层，画出衣服的明暗变化，完成绘制。

12.7.2 朝服

朝服采用的是上衣下裳制，是古代在正旦、冬至等重大典礼时穿着的礼服。接下来针对明朝时期朝服正反面及上身效果进行展示。

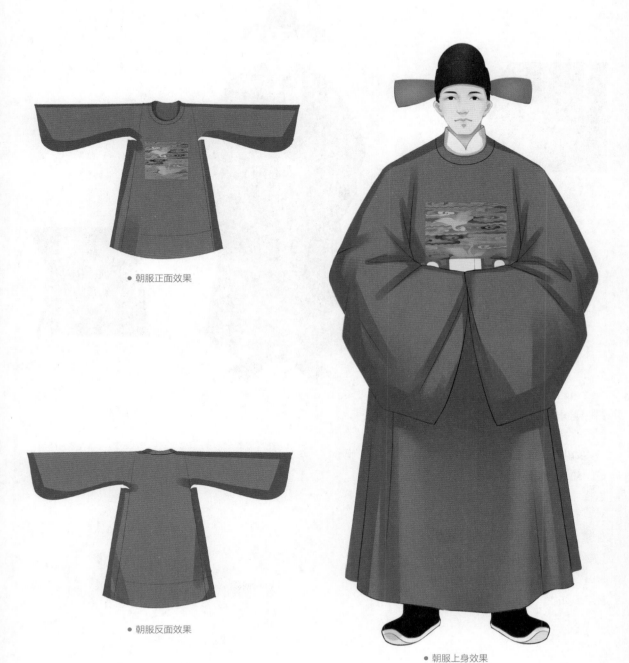

• 朝服正面效果

• 朝服反面效果

• 朝服上身效果

① 绘制要点

（1）注意把握好服饰纹理褶皱的穿插关系。

（2）无论是线稿还是上色都要遵循从局部入手依次深入刻画的原则。

注意绘制亮部和暗部时要把握好光源的统一。

注意褶皱的走向是根据衣服受力作用表现的。

注意将服饰之间的投影画出来。

② 绘制步骤

Step 01 打开 Photoshop 软件，执行"文件"→"新建"命令，弹出"新建"对话框。新建"线稿"图层，选择"硬边圆压力不透明度"画笔工具（●）并把画笔的大小设置为 2 像素，用黑色"000000"（■）勾勒出人物头部的线稿。

Step 02 绘制出人物上半身服饰的线条，如衣领、肩部、衣袖等。

01

02

Step 03 绘制出下半身剩余部分服饰的线条，调整并完善局部细节的刻画，完成线稿的绘制。

Step 04 新建"头部上色"图层组，选择"硬边圆压力不透明度"画笔工具（●），选择色卡为"f6e0d3"（███）、"291f1e"（███）、"1c0e0d"（███）的颜色绘制出头部皮肤、头发、眼睛的底色。

03

04

Step 05 新建"头部明暗关系"图层组，选择"晕染水墨"画笔工具（🖌），选择色卡为"c6978f"（███）的颜色分图层绘制出皮肤的明暗变化。

Step 06 新建"服饰上色"图层组，选择"硬边圆压力不透明度"画笔工具（●），选择色卡为"3f3735"（███）、"8c8784"（███）、"161511"（███）、"deddd8"（███）、"fff7b0"（███）、"4d5558"（███）、"d24740"（███）的颜色绘制出服饰的底色。

05

06

　　首先新建"线稿"图层，选择"硬边圆压力不透明度"画笔工具绘制出头面的线稿。接着新建"底色"图层，分图层绘制出皮肤、头发等各部分的底色。然后新建"晕染"图层，选择"柔边圆压力不透明度"画笔工具分别绘制出各部分的明暗层次变化，并刻画局部细节，完成绘制。

 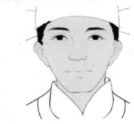

Step 07　选择色卡为"493628"（■）、"d4b992"（■）、"605d58"（■）、"936841"（■）的颜色绘制出服饰花纹部分的底色。

Step 08　新建"服饰明暗关系"图层组，选择"晕染水墨"画笔工具（🖌）选择色卡为"98332e"（■）的颜色分图层绘制出服饰的暗部。最后调整并完善局部细节，完成绘制。

| 褶皱的绘制技巧 |

　　首先新建"线稿"图层，选择"硬边圆压力不透明度"画笔工具准确绘制出衣服的线稿。接着新建"上色"图层，绘制出衣服的底色。最后，新建"明暗变化"图层，画出衣服的褶皱，绘制褶皱的时候注意根据受力作用表现，完成绘制。

| 帽子的绘制技巧 |

　　首先新建"线稿"图层，选择"硬边圆压力不透明度"画笔工具准确绘制出帽子的线稿。接着新建"底色"图层，绘制出帽子的固有色。最后，新建"明暗变化"图层，画出帽子的亮面，增强颜色明暗对比变化，完成绘制。

清朝服饰的表现

13

13.1 服饰特征

清朝服饰是中国古代服饰发展的最后一个阶段，它以满族的服饰装束为主，中国服装制度在该时期发生了重大的变化，较为典型的服饰特征有披领、圆领、马褂、云肩、斗篷等。下面针对清朝不同的服饰特征进行详细介绍。

13.1.1 披领

披领是清朝时期的官服，用于披在肩膀上，披领可以用来区分文武百官的品级。

13.1.2 圆领

圆领是服饰上领口的样式，外观呈半圆形。

13.1.3 马褂

马褂是清朝男子穿在长袍外的对襟短褂，因其是在骑马时穿着的服装而得名。

13.1.4 云肩

云肩也叫披肩，用于披在肩膀上，是一种独特的服饰款式，使用彩锦绣制而成。

13.1.5 斗篷

斗篷是古代用于披在肩上没有袖子的外衣，可以起到增暖的作用。

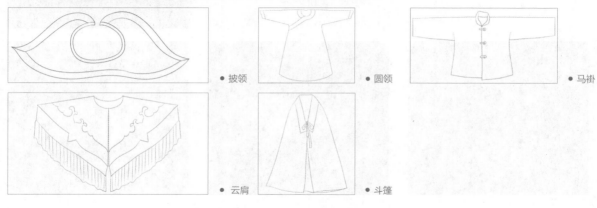

● 披领　　● 圆领　　● 马褂

● 云肩　　● 斗篷

13.2 常见纹饰

清朝时期服饰纹样的发展达到了鼎盛阶段，它不仅继承了先前各个朝代的经典纹样，同时也体现出了这个时期的文化特点，清朝时期的纹样题材除了龙纹、水纹、几何纹样等，也有仙鹤、麒麟、锦鸡等动物纹样。下面针对清朝时期著名的海水纹饰，一品文官仙鹤、一品武官麒麟、二品文官锦鸡等纹样的表现进行讲解。

13.2.1 海水纹饰

【海水纹饰的绘制技巧】

首先新建"线稿"图层，选择"硬边圆压力不透明度"画笔工具，绘制出海水纹饰的波纹的线稿。接着根据海水纹饰的特征分图层绘制出剩余部分花纹的具体造型，完成绘制。

13.2.2 一品文官仙鹤补服纹饰

【一品文官仙鹤补服纹饰的绘制技巧】

首先新建"线稿"图层，选择"硬边圆压力不透明度"画笔工具，绘制出一品文官仙鹤补服纹饰的线稿。然后新建"底色"图层，绘制出仙鹤补服纹饰部分的图形。接着新建"局部细节"图层组，根据一品文官仙鹤补服纹饰的特征分图层绘制出剩余部分花纹的具体造型，完成绘制。

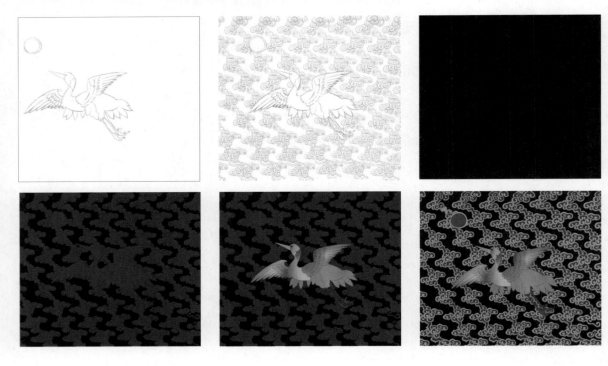

13.2.3 一品武官麒麟补服纹饰

【一品武官麒麟补服纹饰的绘制技巧】

　　首先新建"线稿"图层，选择"硬边圆压力不透明度"画笔工具，绘制出一品武职麒麟补服纹饰的线稿。然后新建"底色"图层，给整个画面铺上一层底色。接着新建"局部细节"图层组，根据一品武职麒麟补服纹饰的特征分图层绘制出麒麟以及剩余部分花纹的具体造型，完成绘制。

13.2.4 二品文官锦鸡补服纹饰

【二品文官锦鸡补服纹饰的绘制技巧】

　　首先新建"线稿"图层，选择"硬边圆压力不透明度"画笔工具，绘制出二品文官锦鸡补服纹饰的线稿。然后新建"底色"图层，绘制出锦鸡补服纹饰部分的图形。接着新建"局部细节"图层组，根据二品文官锦鸡补服纹饰的特征分图层绘制出剩余部分花纹的具体造型，完成绘制。

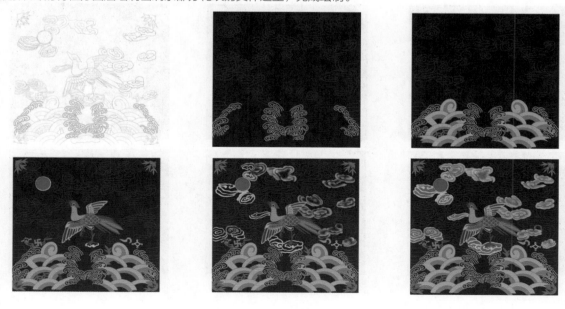

13.2.5 四品文官鸳鸯补服纹饰

【四品文官鸳鸯补服纹饰的绘制技巧】

首先新建"线稿"图层，选择"硬边圆压力不透明度"画笔工具，绘制出四品文官鸳鸯补服纹饰的线稿。然后新建"底色"图层，绘制出鸳鸯补服纹饰部分的图形。接着新建"局部细节"图层组，根据四品文官鸳鸯补服纹饰的特征分图层绘制出剩余部分花纹的具体造型，完成绘制。

13.2.6 五品武官熊罴补服纹饰

【五品武官熊罴补服纹饰的绘制技巧】

首先新建"底色"图层，选择"硬边圆压力不透明度"画笔工具，绘制出五品武职熊罴补服纹饰熊罴及其一部分花纹的图形。接着新建"局部细节"图层组，根据五品武职熊罴补服纹饰的特征分图层绘制出剩余部分花纹的具体造型，完成绘制。

13.2.7 七品文官鸂鶒补服纹饰

【七品文官鸂鶒补服纹饰的绘制技巧】

　　首先新建"线稿"图层，选择"硬边圆压力不透明度"画笔工具，绘制出七品文官鸂鶒补服纹饰的线稿。然后新建"底色"图层，绘制出文官鸂鶒补服纹饰部分的图形。接着新建"局部细节"图层组，根据七品文官鸂鶒补服纹饰的特征分图层绘制出剩余部分花纹的具体造型，完成绘制。

13.2.8 八品武官犀牛补服纹饰

【八品武官犀牛补服纹饰的绘制技巧】

　　首先新建"线稿"图层，选择"硬边圆压力不透明度"画笔工具，绘制出八品武职犀牛补服纹饰的线稿。然后新建"底色"图层，绘制出犀牛补服纹饰部分的图形。接着新建"局部细节"图层组，根据八品武职犀牛补服纹饰的特征分图层绘制出剩余部分花纹的具体造型，完成绘制。

13.3 女子服饰的画法

　　学习了清朝时期服饰的基本特征和常见纹饰的画法之后，接下来针对女子服饰的画法进行讲解，如凤袍、马甲等。

13.3.1 凤袍

　　清朝的凤袍是皇后的常服款式，具有典型的民族特色。接下来针对清朝凤袍正反面及上身效果进行展示。

● 凤袍正面效果

● 凤袍反面效果

● 凤袍上身效果

1 绘制要点

（1）注意把握好服饰纹理褶皱的穿插关系。

（2）无论是线稿还是上色都要遵循从局部入手依次深入刻画的原则。

注意褶皱的走向是根据衣服受力作用来表现的。

注意服饰之间的投影要画出来。

注意绘制亮部和暗部时要统一光源。

2 绘制步骤

Step 01 打开 Photoshop 软件，执行"文件"→"新建"命令，弹出"新建"对话框。新建"线稿"图层，选择"硬边圆压力不透明度"画笔工具（●）并把画笔的大小设置为 2 像素，用黑色"000000"（■）勾勒出人物头部的线稿。

Step 02 绘制出人物上半身服饰的线条，如衣领、肩部、衣袖等。

01

02

Step 03　绘制出下半身剩余部分服饰的线条，调整并完善局部细节的刻画，完成线稿的绘制。

Step 04　新建"头部上色"图层组，选择"硬 边圆压力不透明度"画笔工具（●），选择 色卡为"f5e2db"（▨）、"212121"（■）、"101010"（■）、"c9292b"（■）、"faf5bd"（▨）的颜色绘制出头部皮肤、头发、眼睛和头饰的底色。

Step 05　新建"头部明暗关系"图层组，选 择"晕染水墨"画笔工具（➤），选择色卡为"cba097"（▨）、"0a0102"（■）的颜色分图层绘制出皮肤和头发的明暗变化。

Step 06　新建"服饰上色"图层组，选择"硬边圆压力不透明度"画笔工具（●），选择色卡为"514557"（■）、"282828"（■）、"fdce98"（▨）的颜色绘制出服饰的底色。的颜色绘制出服饰的底色。

百媚千红 古风CG插画绘制技法精解（服饰篇）

首先新建 "线稿" 图层，选择"硬边圆压力不透明度"画笔工具，准确绘制出人物头面的线稿。接着新建"上色"图层组，分图层绘制出头发、皮肤以及头饰的底色。最后，新建"明暗变化"图层组，分别绘制出各部分的明暗变化，并刻画局部细节，完成绘制。

| 手的绘制技巧 |

首先新建 "线稿" 图层，选择"硬边圆压力不透明度"画笔工具，准确绘制出手的线稿。接着新建"上色"图层组，分图层绘制出手的底色及明暗变化，完成绘制。

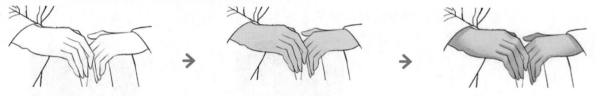

Step 07 选择色卡为"a6c6d1"（■）、"f3be5e"（■）、"bd6c4f"（■）、"3c804f"（■）、"954850"（■）、"c3a78f"（■）、"dff2de"（■）、"f5efdf"（■）、"ff7690"（■）的颜色绘制出服饰花纹部分的底色。

Step 08 新建"服饰明暗关系"图层组，选择"晕染水墨"画笔工具（✏），选择色卡为"171836"（■）的颜色分图层绘制出服饰的暗部。最后调整并完善局部细节，完成绘制。

07

08

| 褶皱的绘制技巧 |

　　首先新建 "线稿" 图层，选择"硬边圆压力不透明度"画笔工具，准确绘制出衣服的线稿。接着新建"上色"图层组，分图层绘制出衣服的底色，并刻画明暗变化，注意绘制褶皱的时候注意根据受力作用表现。

| 花纹的绘制技巧 |

　　首先新建 "线稿" 图层，选择"硬边圆压力不透明度"画笔工具，准确绘制出服饰的线稿。接着新建"上色"图层，在"线稿"图层的基础上，绘制出服饰和花纹的底色。最后，新建"明暗变化"图层，画出衣服的明暗变化，完成绘制。

　　绘制花纹时，可以先画好其中一个花纹，再使用套索工具，选中画好的花纹，再执行"编辑"→"拷贝"→"粘贴"，"编辑"→"自由变换"的操作，改变复制出来的花纹位置，依次反复执行上面的操作，就可以很方便快捷地画好衣服上的花纹，同时按住快捷键"Ctrl+D"也可以快速取消选区。

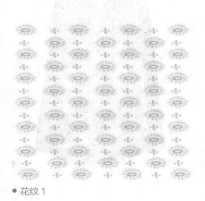

● 花纹 1

● 花纹 2

13.3.2 马甲

    马甲领子一般为立领,花纹丰富多样,是清朝比较流行的服装样式,更是满族妇女喜欢穿着的服饰。接下来针对清朝时期马甲正反面及上身效果进行展示。

● 马甲正面效果

● 马甲反面效果

● 马甲上身效果

1 绘制要点

（1）注意把握好服饰纹理褶皱的穿插关系。

（2）无论是线稿还是上色都要遵循从局部入手依次深入刻画的原则。

注意绘制正脸时把握好五官的对称和协调。

注意绘制亮部和暗部时要把握好光源的统一。

通过画出衣服的阴影表现出衣服的体积感。

2 绘制步骤

Step 01 打开 Photoshop 软件，执行"文件"→"新建"命令，弹出"新建"对话框。新建"线稿"图层，选择"硬边圆压力不透明度"画笔工具（●）并把画笔的大小设置为 2 像素，用黑色"000000"（■）勾勒出人物头部的线稿。

Step 02 绘制出人物上半身服饰的线条，如衣领、肩部、衣袖等。

Step 03 绘制出下半身剩余部分服饰的线条，调整并完善局部细节的刻画，完成线稿的绘制。

01

02

03

Step 04 新建"头部上色"图层组，选择"硬边圆压力不透明度"画笔工具（●），选择 色卡为"f5e2db"（▨）、"262626"（■）、"ff7d7b"（▨）、"482523"（■）、"ffc94b"（▨）、"fff99b"（▨）的颜色绘制出头部皮肤、头发、眼睛和头饰的底色。

Step 05 新建"头部明暗关系"图层组，选择"晕染水墨"画笔工具（✐），选择色卡为"cba097"（▨）、"382423"（■）的颜色分图层绘制出皮肤和头发的明暗变化。

Step 06 新建"服饰上色"图层组，选择"硬 边圆压力不透明度"画笔工具（●），选择色卡为"ae8d6a"（■）、"f9aecf"（▨）、"fffdf2"（▨）、"7d497d"（■）的颜色绘制出服饰的底色。

| 头部的上色技巧 |

　　首先新建"线稿"图层，选择"硬边圆压力不透明度"画笔工具，绘制出头面的线稿。接着新建"底色"图层组，分图层绘制出皮肤、头发等各部分的底色。然后新建"晕染"图层组，选择"柔边圆压力不透明度"画笔工具分别绘制出各部分的明暗层次变化，并刻画局部细节，完成绘制。

 →  →

| 手部的绘制技巧 |

　　首先新建"线稿"图层，选择"硬边圆压力不透明度"画笔工具，准确绘制出手和扇子的线稿。接着新建"上色"图层组，分图层绘制出各部分的底色。最后，新建"明暗变化"图层，绘制出手部和扇子的明暗层次变化，完成绘制。

 →  →

Step 07 选择色卡为"672016"
（ ███ ）、"1c1c1c"（ ███ ）、
"90caa7"（ ███ ）、"d168a1"
（ ███ ）的颜色绘制出服饰花纹部
分的底色。

Step 08 新建"服饰明暗关系"图
层组，选择"晕染水墨"画笔工具
（ ━ ），选择色卡为"6f5942"
（ ███ ）、"e084ad"（ ███ ）、
"5f385f"（ ███ ）、"c7c4b1"
（ ███ ）的颜色分图层绘制出服饰
的暗部。最后调整并完善局部细节，
完成绘制。

| 花纹的绘制技巧 |

　　首先新建 "线稿"图层，选择"硬边圆压力不透明度"画笔工具，准确绘制出服饰的线稿。接着新建"上色"图层组，在"线稿"图层的基础上，分图层绘制出服饰和花纹的底色。最后，新建"明暗变化"图层，画出衣服的明暗变化，完成绘制。

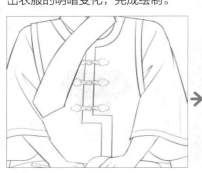 ➡  ➡

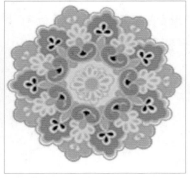
● 花纹 1

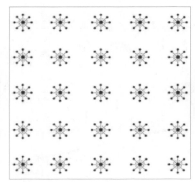
● 花纹 2

百媚千红 古风CG插画绘制技法精解（服饰篇）

13.4 男子服饰的画法

学习了清朝时期女子服饰的画法之后，下来将针对男子服饰的画法进行讲解，如衮服、礼服、龙袍等。

13.4.1 衮服

衮服是古代皇帝及上公穿着的礼服，也是尊贵的礼服之一。接下来针对清朝时期衮服正反面及上身效果进行展示。

● 衮服正面效果

● 衮服反面效果

● 衮服上身效果

1 绘制要点

（1）注意把握好服饰纹理褶皱的穿插关系。

（2）无论是线稿还是上色都要遵循从局部入手依次深入刻画的原则。

注意绘制正脸时把握好五官的对称和协调。

注意花纹的对称性和排列规律。

通过画出衣服的阴影表现出衣服的体积感。

2 绘制步骤

Step 01　打开 Photoshop 软件，执行"文件"→"新建"命令，弹出"新建"对话框。新建"线稿"图层，选择"硬边圆压力不透明度"画笔工具（●）并把画笔的大小设置为 2 像素，用黑色"000000"（■）勾勒出人物头部的线稿。

Step 02　绘制出人物上半身服饰的线条，如衣领、肩部、衣袖等。

Step 03　绘制出下半身剩余部分服饰的线条，调整并完善局部细节的刻画，完成线稿的绘制。

01

02

03

百媚千红 古风CG插画绘制技法精解（服饰篇）

Step 04 新建"头部上色"图层组，选择"硬边圆压力不透明度"画笔工具（●）、选择 色卡为"eedacf"（▢）、"d9585c"（▇）、"2b2620"（▇）、"1b1612"（▇）的颜色绘制出头部皮肤、头发、眼睛和头饰的底色。

Step 05 新建"头部明暗关系"图层组，选择"晕染水墨"画笔工具（✐），选择色卡为"daac9f"（▢）的颜色分图层绘制出皮肤的明暗变化。

Step 06 新建"服饰上色"图层组，选择"硬边圆压力不透明度"画笔工具（●），选择色卡为"fdd051"（▢）、"716151"（▇）、"473c4c"（▇）、"a3b5cd"（▢）的颜色绘制出服饰的底色。

| 头部的绘制技巧 |

　　首先新建 "线稿"图层，选择"硬边圆压力不透明度"画笔工具，准确绘制出头面的线稿。接着新建"上色"图层，绘制出皮肤和眉眼的底色。最后，新建"明暗变化"图层，绘制五官的明暗变化及细节，并绘制出帽子的颜色，完成绘制。

Step 07 选择色卡为"8b9da7"（ ）、"33435c"（ ）、"feb66e"（ ）、"a04f4b"（ ）的颜色绘制出服饰花纹部分的底色。

Step 08 新建"服饰明暗关系"图层组，选择"晕染水墨"画笔工具（ ）、选择色卡为"2f2732"（ ）、"8793a3"（ ）、"cca53e"（ ）、"6f4e2b"（ ）的颜色分图层绘制出服饰的暗部。最后调整并完善局部细节，完成绘制。

| 花纹的绘制技巧 |

　　首先新建 "线稿"图层，选择"硬边圆压力不透明度"画笔工具，准确绘制出服饰的线稿。接着新建"上色"图层组，在"线稿"图层的基础上，分图层绘制出服饰和花纹的底色。最后，新建"明暗变化"图层，画出衣服的明暗变化，完成绘制。

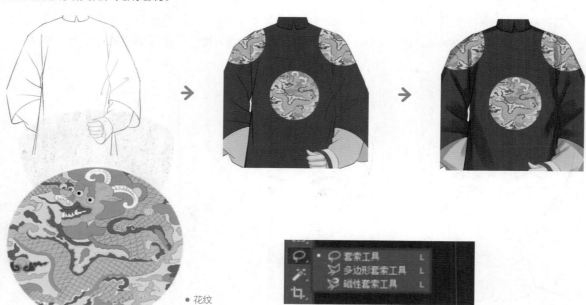

• 花纹

13.4.2 补服

补服又称"补子"，可以通过服饰上的飞禽走兽纹饰来区分文官、武官的品级。接下来针对清朝时期补服正反面及上身效果进行展示。

● 补服正面效果

● 补服反面效果

● 补服上身效果

（1）注意把握好服饰纹理褶皱的穿插关系。

（2）无论是线稿还是上色都要遵循从局部入手依次深入刻画的原则。

注意绘制亮部和暗部时要把握好光源的统一。

通过画出衣服的阴影表现出衣服的体感。

注意花纹的对称性和排列规律。

2 绘制步骤

Step 01 打开 Photoshop 软件，执行"文件"→"新建"命令，弹出"新建"对话框。新建"线稿"图层，选择"硬边圆压力不透明度"画笔工具（●）并把画笔的大小设置为 2 像素，用黑色"000000"（■）勾勒出人物头部的线稿。

Step 02 绘制出人物上半身服饰的线条，如衣领、肩部、衣袖等。

Step 03 绘制出下半身剩余部分服饰的线条，调整并完善局部细节的刻画，完成线稿的绘制。

01 02 03

Step 04 新建"头部上色"图层组，选择"硬边圆压力不透明度"画笔工具（●），选择 色卡为"e0c4bc"（▱）、"e09a55"（▮）、"242424"（▮）、"c2373a"（▮）的颜色绘制出头部皮肤、眼睛和头饰的底色。

Step 05 新建"头部明暗关系"图层组，选择"晕染水墨"画笔工具（✎），选择色卡为"b58982"（▮）的颜色分图层绘制出皮肤的明暗变化。

Step 06 新建"服饰上色"图层组，选择"硬边圆压力不透明度"画笔工具（●），选择色卡为"2d1f1f"（▮）、"3c696f"（▮）、"41415d"（▮）、"966425"（▮）、"4b3a64"（▮）的颜色绘制出服饰的底色。

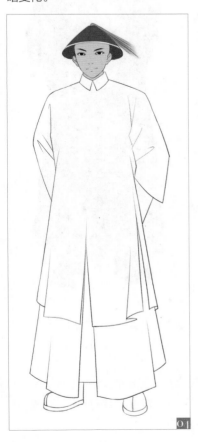

| 头部的绘制技巧 |

　　首先新建 "线稿"图层，选择"硬边圆压力不透明度"画笔工具，准确绘制出头面的线稿。接着新建"上色"图层组，分图层绘制出皮肤、帽子的底色，并分别刻画明暗层次变化，完成绘制。

Step 07 选择色卡为"4d879d"
（■）、"050600"（■）、
"a8895d"（■）、"a80300"
（■）、"d6ba67"（■）的
颜色绘制出服饰花纹部分的底色。
Step 08 新建"服饰明暗关系"图
层组，选择"晕染水墨"画笔工具
（🖌）、选择色卡为"3a2c4d"
（■）、"244044"（■）、"333147"
（■）的颜色分图层绘制出服饰
的暗部。最后调整并完善局部细节，
完成绘制。

| 花纹的绘制技巧 |

    首先新建 "线稿"图层，选择"硬边圆压力不透明度"画笔工具，准确绘制出服饰的线稿。接着新建"上色"图层组，在"线稿"图层的基础上，分图层绘制出服饰和花纹的底色。最后，新建"明暗变化"图层，画出衣服的明暗变化，完成绘制。

● 花纹 1
● 花纹 2

百媚千红 古风CG插画绘制技法精解（服饰篇）

I3·4·3 龙袍

　　龙袍是古代皇帝穿着的朝服，服饰上面绣着龙纹的图案。接下来针对清朝时期龙袍正反面及上身效果进行展示。

● 龙袍正面效果

● 龙袍反面效果

● 龙袍上身效果

13

清朝服饰的表现

（1）注意把握好服饰纹理褶皱的穿插关系。

（2）无论是线稿还是上色都要遵循从局部入手依次深入刻画的原则。

注意绘制亮部和暗部时要把握好光源的统一。

注意褶皱的走向是根据衣服受力作用表现的。

注意将服饰之间的投影画出来。

② 绘制步骤

Step 01　打开 Photoshop 软件，执行"文件"→"新建"命令，弹出"新建"对话框。新建"线稿"图层，选择"硬边圆压力不透明度"画笔工具（●）并把画笔的大小设置为 2 像素，用黑色"000000"（■）勾勒出人物头部的线稿。

Step 02　绘制出人物上半身服饰的线条，如衣领、肩部、衣袖等。

Step 03　绘制出下半身剩余部分服饰的线条，调整并完善局部细节的刻画，完成线稿的绘制。

01

02

03

Step 04 新建"头部上色"图层组，选择"硬边圆压力不透明度"画笔工具（●），选择色卡为"eed9d4"（▢）、"141414"（■）的颜色绘制出头部皮肤和头发的底色。

Step 05 新建"头部明暗关系"图层组，选择"晕染水墨"画笔工具（⟋），选择色卡为"bf948d"（▢）的颜色分图层绘制出皮肤的明暗变化。

Step 06 新建"服饰上色"图层组，选择"硬边圆压力不透明度"画笔工具（●），选择色卡为"ffd04e"（▢）、"ffe88e"（▢）、"363531"（■）、"c15f32"（▢）的颜色绘制出服饰的底色。

| 腰饰的绘制技巧 |

首先新建"线稿"图层，选择"硬边圆压力不透明度"画笔工具，准确绘制出腰饰的线稿。接着新建"底色"图层，绘制出腰饰各部分的底色。最后，新建"明暗变化"图层，分别绘制出各部分的明暗层次变化和细节刻画，完成绘制。

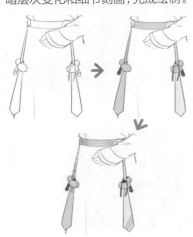

Step 07 选择色卡为"7a6c49"（▢）、"796d7b"（▢）、"d63d40"（▢）、"e36846"（▢）的颜色绘制出服饰花纹部分的底色。

Step 08 新建"服饰明暗关系"图层组，选择"晕染水墨"画笔工具（⟋），选择色卡为"21201c"（■）、"d1a739"（▢）的颜色分图层绘制出服饰的暗部。最后调整并完善局部细节，完成绘制。

| 衣袖的绘制技巧 |

　　首先新建 "线稿" 图层，选择 "硬边圆压力不透明度" 画笔工具，准确绘制出衣袖的线稿。接着新建 "底色" 图层，绘制出衣袖的底色。最后，新建 "细化" 图层组，分图层绘制出衣袖的明暗变化，并刻画服饰纹理等细节，完成绘制。

| 褶皱的绘制技巧 |

　　首先新建 "线稿" 图层，选择 "硬边圆压力不透明度" 画笔工具，准确绘制出服饰褶皱纹理的线稿。接着新建 "上色" 图层组，分图层依次绘制出衣服的底色，然后根据线稿绘制出暗部，加强颜色明暗对比关系，完成绘制。

| 花纹的绘制技巧 |

　　首先新建 "线稿" 图层，选择 "硬边圆压力不透明度" 画笔工具，准确绘制出服饰的线稿。接着新建 "上色" 图层组，在 "线稿" 图层的基础上，分图层绘制出服饰和花纹的底色。最后，新建 "明暗变化" 图层，画出衣服的明暗变化，完成绘制。

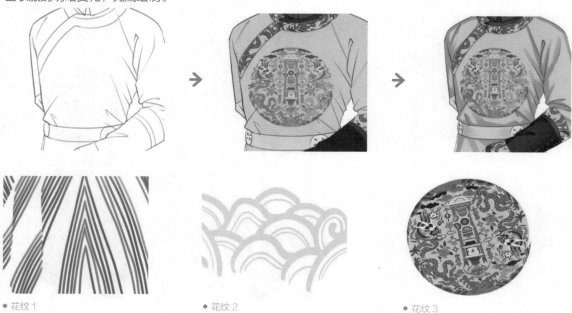

● 花纹 1　　　　　　　　　　　● 花纹 2　　　　　　　　　　　● 花纹 3

I3.5 盔甲战袍的画法

学习了清朝时期男子服饰的画法之后，接下来针对盔甲战袍的画法进行讲解。

盔甲战袍是清朝士兵在打战时穿着的服饰，能起到防御、保护身体的作用。接下来针对清朝时期盔甲战袍的正反面及上身效果进行展示。

● 盔甲战袍正面效果

● 盔甲战袍反面效果

● 盔甲战袍上身效果

1 绘制要点

（1）注意把握好服饰纹理褶皱的穿插关系。

（2）无论是线稿还是上色都要遵循从局部入手依次深入刻画的原则。

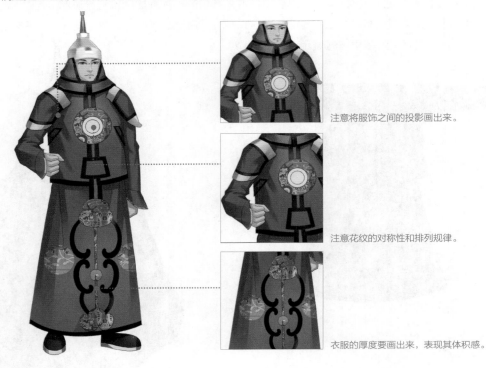

注意将服饰之间的投影画出来。

注意花纹的对称性和排列规律。

衣服的厚度要画出来，表现其体积感。

2 绘制步骤

Step 01 打开 Photoshop 软件，执行"文件"→"新建"命令，弹出"新建"对话框。新建"线稿"图层，选择"硬边圆压力不透明度"画笔工具（●）并把画笔的大小设置为 2 像素，用黑色"000000"（■）勾勒出人物头部的线稿。

Step 02 绘制出人物上半身服饰的线条，如衣领、肩部、衣袖等。

Step 03 绘制出下半身剩余部分服饰的线条，调整并完善局部细节的刻画，完成线稿的绘制。

01

02

03

Step 04 新建"头部上色"图层组，选择"硬边圆压力不透明度"画笔工具（●），选择 色卡为"f4eae1"（▩）、
　　　　"c25a51"（▩）、"e2c488"（▩）、"c8c5b4"（▩）的颜色绘制出头部皮肤和头饰的底色。
Step 05 新建"头部明暗关系"图层组，选 择"晕染水墨"画笔工具（✎），选择色 卡为a29d7f（▩）、
　　　　"c09c8e"（▩）、"1c1815"（▩）的颜色分图层绘制出皮肤和头饰的明暗变化，眼睛的底色。
Step 06 新建"服饰上色"图层组，选择"硬边圆压力不透明度"画笔工具（●），选择色卡为"1c1c1c"
　　　　（▩）、"815b52"（▩）、"fde4ac"（▩）、"f7b16b"（▩）的颜色绘制出服饰的底色。

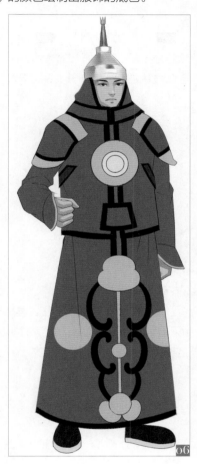

| 头部的绘制技巧 |

　　首先新建 "线稿"图层，选择"硬边圆压力不透明度"画笔工具，准确绘制出头面的线稿。接着新建"上
色"图层组，分图层依次绘制出头面的底色，然后刻画明暗变化，完成绘制。

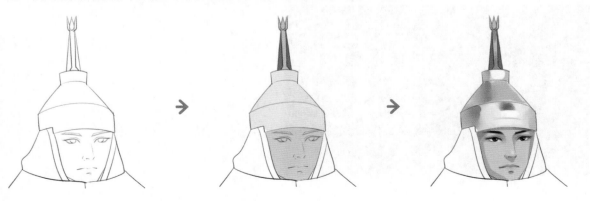

Step 07 选择色卡为"5f4d3f"
（■）、"cc6e52"（■）、
"cb6d54"（■）的颜色绘制
出服饰剩余部分的底色。

Step 08 新建"服饰明暗关系"图
层组，选择"晕染水墨"画笔工
具（✎），选择色卡为"5a3f38"
（■）、"b86b3f"（■）的
颜色分图层绘制出服饰的暗部。最
后调整并完善局部细节，完成绘制。

| 花纹的绘制技巧 |

　　首先新建 "线稿"图层，选择"硬边圆压力不透明度"画笔工具，准确绘制出服饰的线稿。接着新建"上色"图层组，在"线稿"图层的基础上，分图层绘制出服饰和花纹的底色。最后，新建"明暗变化"图层，画出衣服的明暗变化，完成绘制。

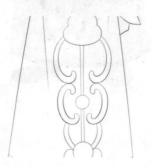 → 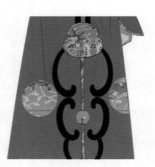 →

● 花纹